京都御苑（平成21年3月26日）

明治、大正、昭和、平成……。そして、新時代へ

天皇陛下と皇族方と乗り物と

写真と文 工藤直通

講談社ビーシー／講談社

まえがき

　今日まで御料自動車やお召列車に関する書籍は、「お召列車百年」、「御料車物語」、「天皇の御料車」が代表的なバイブルとして名を馳せている。しかし、いずれも刊行から25〜45年が経過していることから情報の劣化も否めず最新の内容で書籍にしたいと思い、ようやくここに纏めることができた。

　本書は、平成の30年間にわたる行幸啓の記録から、天皇皇后両陛下がご利用になった乗り物5種（馬車、鉄道、自動車、飛行機、船舶）を、歴史やエピソードを交えながら取り纏めたものである。

　私が皇室関係の乗り物に興味を抱いたのは、13歳の時に昭和天皇・香淳皇后のお召列車を撮影したことに始まる。以来36年間にわたり皇室に関する乗り物を記録し続けてきた。趣味嗜好はいろいろあれど、これらの乗り物に憧憬の念を抱き続けられたのは"尽きない魅力"があったからに他ならない。

　一般論として趣味的要素の強い文献は、「絶対にそれを知り得なければならない」ことではないため、重要視されることは少ない。しかし、これらを探究することで新たな興味や関心を引き出す可能性は無限大にあると思い、広く多くの方々へ手に取っていただけるように編纂した次第である。

　専門用語の書きぶりは、普段聞き慣れない皇室用語の使用は極力避け、誰でもわかりやすく、皇室への親愛の念を込めた慣用語句で記述するように努めた。「お召（し）」の送り仮名の省略については本文（お召列車の項P84）に記したので参考にしていただければと思う。

　乗り物のこととはいえ菊のカーテンで仕切られた奥の話は、これまで確証の持てない事柄も多く、ゆえに触れられずのままになっていた。平成13年制定の情報公開制度により、これまでは表に出ることのなかった史実や資料が明らかになったことは劇的な進歩であった。しかしながら一部不開示とした部分もあったことは残念でならない。

　御健康上の理由から多くを語られることのなかった大正天皇については、特殊自動車や原宿宮廷駅の特殊乗降装置の存在等、乗り物という切り口によって新たな事実を発表することもできた。こうした陽の目を見ない史実を扱うことができるのも本書の特徴であろう。

　明治・大正・昭和・平成にわたる歴代の乗り物を紐解くことにより、皇室と国民とを結ぶ架け橋の一助になれば光栄の極みに他ならない。

1 「天皇皇后両陛下と桜」
4 まえがき

第1章 超秘蔵写真で綴る天皇陛下、皇族方と乗り物と 11

馬車 ❖ 儀装馬車 ———— 12
自動車 ❖ 御料自動車(オープンカー) ———— 16
自動車 ❖ 御料自動車(リムジン・セダン) ———— 18
自動車 ❖ 天皇陛下の私用車 ———— 26
鉄道 ❖ お召列車 ———— 28
航空機 ❖ お召機 ———— 38
船舶 ❖ お召船 ———— 44

第2章 御料馬車 ─ 東京奠都の輿、両陛下と儀装馬車の思い出から捧呈式まで 45

- 車輿考 46
- 創成期〜儀装馬車1号 48
- 両陛下と儀装馬車の思い出 52
- 信任状捧呈式 54

第3章 御料自動車 ─ その華麗な歴史と国産御料車、特別車、私用車を秘蔵写真と資料で大公開 57

- その歴史と背景 58
- 昭和生まれの国産御料車 62
- オープンカー御料車 66
- セダン御料車と東宮特別車 68
- 次世代の大型リムジン御料車 72
- 天皇陛下の私用車 76
- 皇族方の特別車 78
- 特殊用途自動車 80

第4章 お召列車

明治から平成にわたるお召列車の車両と運行の全貌をここに紐解く

83

- その歴史と背景　84
- 昭和生まれの1号編成　86
- 供奉車　88
- 貴賓電車（クロ157-1号）　90
- 新幹線お召列車　91
- E655系お召電車　92
- 一般型車両によるお召列車・御乗用列車　96
- 皇太子御一家の御乗用列車　99
- ちょっと変わった乗り物へご乗車　100
- 時刻表に載らない御乗用踊り子号　101
- 旧御料車　102
- 宮廷専用駅　104
- 運転手配　106
- 運賃料金の支払い　107

車中御昼食では何をお召し上がりに？　108
お召列車乗務員の必須アイテム「乗務き章」　108

第5章 お召機、お召船

貴重な写真で綴る天皇陛下とお召飛行機・船舶 109

- その歴史と背景 110
- 政府専用機 111
- 全日本空輸(ANA)特別機 112
- 日本航空(JAL)特別機 113
- 陸海空　自衛隊お召機 114
- 海上保安庁／警視庁のお召機 115
- その歴史と背景 116
- 海上保安庁お召船 117
- フェリー、高速艇、渡船 118
- 遊覧船、和船 120

第6章 資料編

121

- 121　プリンスロイヤル御料車の尺度1/20の車両形式図
- 121　万博賓客輸送用ロイヤルの車両形式図と特殊仕様説明書
- 122　大正大礼記録、大礼記録附図より
- 122　賢所乗御車の車両形式図(日本尺)
- 122　賢所乗御車のアンダーフレーム図
- 123　賢所乗御車の台車形式図
- 123　御羽車模型畧図
- 124　第7号御料車の御剣璽奉安室に備わる「御剣璽棚」詳細図
- 124　第9号御料車の車両形式図(日本尺)
- 125　儀装馬車運搬車(シワ117)車両形式図
- 125　供納米輸送車の車両形式図
- 126　第6号御料車製作にあたっての要望事項を記した青焼き図
- 127　ストク9010形(9010号)の車両型式図
- 127　初代3号御料車の車両型式図
- 128　御料自動車・車歴台帳
- 129　お召列車・御乗用列車運転記録簿
- 136　お召機(航空機)運航記録簿
- 141　お召船(船舶)運航記録簿
- 143　あとがき

皇室用語解説

■■■ あ
行在所【あんざいしょ】
お泊所、御宿舎のこと。例：伊勢神宮内宮行在所

■■■ い
伊勢神宮御親謁【いせじんぐうごしんえつ】
両陛下が伊勢神宮に親しく御拝礼なされること。

■■■ お
御介添え役【おかいぞえやく】
ご歩行や階段昇降時にお手伝いする侍従や女官または側近奉仕者。

お車列【おしゃれつ】
自動車で組成されたお列編成のこと。自動車列。古くは鹵簿（ろぼ）と言った。類似語＝馬車お列。

御手元金【おてもときん】
天皇陛下と内廷の皇族（皇后陛下、皇太子ご一家）の日常生活費（私有財産である金銭）。内廷費のこと。

御羽車【おはぐるま】
三種の神器のひとつ、宮中三殿・賢所の御神体（八咫鏡）をお乗せして運ぶ輿。

お召列車【おめしれっしゃ】
天皇皇后両陛下が御乗用になる列車のこと。近年では乗車目的の公私を問わず「お召列車」と呼称する傾向にある。

御召列車【おめしれっしゃ】
お召列車の明治期～戦前期の書きぶり。

■■■ か
賢所【かしこどころ】
皇居内にある宮中三殿（賢所、皇霊殿、神殿）の一つ。天照大神の御代とする神鏡を祀る。別名として「けんしょ」ともいう。

賢所皇霊殿神殿に謁するの儀【かしこどころこうれいでんしんでんにえっするのぎ】
立太子礼の一連の儀式。皇太子となった親王殿下が宮中三殿に装束姿のまま御拝礼される。

還啓【かんけい】
皇后陛下、皇太子殿下、皇太子妃殿下が、お帰りになること。

還幸【かんこう】天皇陛下おひと方が、お帰りになること。

還幸啓【かんこうけい】
天皇皇后両陛下がお揃いで、お帰りになること。

■■■ き
旧皇族【きゅうこうぞく】皇族の身分を離れた方をいう。

宮廷費【きゅうていひ】
皇室の公的活動、皇室用財産の管理、皇居等の施設の整備に必要な経費のこと。内廷費以外の経費。対義語：内廷費。

行啓【ぎょうけい】
皇后陛下、皇太子殿下、皇太子妃殿下が、お出かけになること。

行幸【ぎょうこう】天皇陛下がおひと方で、お出かけになること。

行幸啓【ぎょうこうけい】
天皇皇后両陛下がお揃いで、お出かけになること。

■■■ く
供奉【ぐぶ】
お供の列に加わること。天皇・皇后のお列に加わりお供する者を供奉員と呼ぶ。

■■■ け
剣璽【けんじ】
宝剣（ほうけん）＝天叢雲剣（あめのむらくものつるぎ）、神璽（しんじ）＝八坂瓊曲玉（やさかにのまがたま）、を併せた呼称。

■■■ こ
皇ナンバー【＝皇室用ナンバープレート】
両陛下御専用の自動車だけに取り付けが許されるナンバープレート。道路運送車両法施行規則に定める。

皇室【こうしつ】天皇及び皇族の総称。

皇族【こうぞく】
皇后、親王、親王妃、内親王、王、王妃及び女王の総称。天皇は皇族には含まれない。

御下問【ごかもん】天皇がお尋ねになること。

国儀車【こくぎしゃ】
明治天皇御使用の馬車のうち、重要行事（議会開院式等）に使用された御料馬車の呼称。

御裁可【ごさいか】天皇が決裁されること。

御座所【ござしょ】
天皇、皇后、皇太子のおられる場所または部屋、室。類似語＝お居間。

御巡幸【ごじゅんこう】
天皇が各地を巡ってご訪問になること。昭和天皇が戦後、全国をご訪問された際に多用された用語。

御乗降【ごじょうこう】列車や自動車、馬車に乗り降りする様。

御乗用列車【ごじょうようれっしゃ】
天皇皇后両陛下が私的な目的で御乗用になる列車、または皇太子同妃両殿下が御乗用になる列車のこと。

御親謁【ごしんえつ】両陛下が親しく御拝礼になられること。

御成年【ごせいねん】
天皇、皇太子、皇太孫については18才、その他の皇族については20才、皇室典範第22条で定められる。

御接遇【ごせつぐう】
両陛下が国賓や公賓等の外国賓客をもてなす（接待する）こと。

御大礼【ごたいれい】
即位の礼及び大嘗祭の総称。戦前は御大典（ごたいてん）とも称した。

御動座【ごどうざ】
天皇とともに三種の神器（剣璽・八咫鏡）が移動する様。

御歩行【ごほこう】歩くこと。類似語＝お徒歩。

御名代【ごみょうだい】皇族が天皇、皇后の代理をされること。

御料【ぎょりょう】天皇の御物（ぎょぶつ）を意味することば。

御料片幌車【ごりょうかたほろしゃ】
幌を全覆せず片側のみとする馬車の形式名称。昭和天皇・香淳皇后が使用した普通車2号がこれにあたる。

御料車【ごりょうしゃ】
天皇皇后両陛下が御専用車として使用する旧国鉄が製造した鉄道車両のこと。

御料自動車【ごりょうじどうしゃ】
両陛下の御専用車として用いられる自動車。通称は御料車。

御料馬車【ごりょうばしゃ】
現在では通称として儀装馬車と呼ばれる。明治4年に皇室馬車が誕生して以来の呼び方、総称。

御臨【ごりん】おいでになること。

御臨席【ごりんせき】お出ましになること。

■■■ さ
参内【さんだい】皇居へ上がること。参入ともいう。

■■■ し
直宮【じきみや】
天皇の御子。皇子。お直宮ともいう。近代で三直宮（さんじきみや）といえば、高松宮、秩父宮、三笠宮のこと。

式年祭【しきねんさい】
天皇や皇族の命日に行われる祭祀。没後3、5、10、20、30、40、50、100年、以後100年ごとに行われる。

轜車【じしゃ】
霊柩車のこと。棺をお乗せすると霊轜（れいじ）と呼称が変わる。皇族の場合、喪車、霊車という。

車従【しゃじゅう】
馬車や自動車の乗降ドアの開閉を扱う宮内庁車馬課係員。自動車は助手席、馬車は後部に同乗して共に行動する。

乗御【じょうぎょ】
天皇が乗り物に乗車する様。宮中三殿・賢所の御神体をお運びした鉄道車両を「賢所乗御車」という。

神器【しんき】（三種の神器）
八咫鏡（やたのかがみ）、天叢雲剣（あめのむらくものつるぎ）、八坂瓊曲玉（やさかにのまがたま）の総称。

神宮に親謁の儀【じんぐうにしんえつのぎ】
伊勢神宮のうち内宮に両陛下が御拝礼になる儀式のこと。

信任状お列【しんにんじょうおれつ】
新任の外国大使が信任状を捧呈するために皇居へ参内する際の、自動車または馬車を用いたお列のこと。

■■■ す
随従【ずいじゅう】
随行すること。随行するものを随従員という。古くは、扈従（こじゅう）ともいった。

■■■ せ
先帝陛下【せんていへいか】
歴代の天皇、故人となった皇族には「陛下」「殿下」の敬称は付けない。ただし、先帝陛下のみ慣例により「陛下」を使う。

■■■ そ
側衛【そくえい】両陛下の身辺を警衛する皇宮警察官。

葬場殿【そうじょうでん】本葬を営む建物の名称。

葬輿【そうよ】
皇族方の葬儀の際に御柩を乗せてお運びする輿。豊島岡墓地での葬儀の際に使用される。

■■■ た
大婚の礼【たいこんのれい】
天皇の御結婚の儀式のこと。皇族は結婚の礼、御結婚式と称す。類似語＝御成婚。

大嘗祭後神宮に親謁の儀【だいじょうさいごじんぐうにしんえつのぎ】
御即位後に行われた大嘗祭を終えた後、両陛下が伊勢神宮（外宮・内宮）へ御拝礼される儀式。

大喪の礼【たいそうのれい】
天皇の御葬儀のこと。皇后は大喪儀、他の皇族は御喪儀という。

大礼使【たいれいし】
即位の礼及び大嘗祭の事務を司る機関（登極令）。

■■■ ち
調度寮【ちょうどりょう】
明治40年に制定された宮内省の内部部局のひとつ。物品の購入や整備を行う。現在の管理部度課。

庁用車【ちょうようしゃ】
宮内庁の幹部用自動車や業務で使用する乗用車、貨物自動車等のこと。

勅使【ちょくし】天皇陛下のお使い。

■■■ て
殿邸【でんてい】皇族方のお住まいのこと。

■■■ と
東宮特別車【とうぐうとくべつしゃ】
皇太子ご一家が使用する自動車のこと。宮内庁では各皇族方が使用する自動車を特別車と呼称する。

豊受大神宮に親謁の儀【とようけじんぐうにしんえつのぎ】
伊勢神宮のうち外宮に両陛下が御拝礼になる儀式のこと。

■■■ な
内廷費【ないていひ】
天皇及び内廷皇族（皇后、皇太子ご一家）の日常の費用その他内廷諸費に充てるための経費のこと。対義語：宮廷費。

名古屋離宮【なごやりきゅう】
昭和5年まで実在した名古屋城本丸にあった宮内省所有の別邸。京都等へ西行する際に宿泊した。

訓車【なれしゃ】
挽馬の訓練に使用する馬車。運搬用馬車や退役した御馬車を改造・転用したものが使用される。

■■■ は
原宿駅宮廷ホーム【はらじゅくえききゅうていほーむ】
ご病弱であった大正天皇の鉄道利用のために造られた皇室専用駅。山手線原宿駅に隣接する敷地に建つ。別の呼び方として、原宿駅側乗降場、原宿駅北部乗降場、原宿宮廷駅ともいう。

■■■ ほ
奉迎【ほうげい】
両陛下をお出迎え、お見送りすること。その人々を奉迎者という。

奉遷【ほうせん】
崩御・薨去された皇室の方々の御霊を、皇居宮中三殿皇霊殿にお移しすること。

■■■ り
立太子の礼【りったいしのれい】
皇太子の皇嗣たることを天皇が公に告げられる儀式のこと。

■■■ れ
霊代奉遷の儀【れいたいほうせんのぎ】
皇室の方々が崩御または薨去された1年後、宮殿や殿邸にお祀りした御霊を皇居宮中三殿皇霊殿にお移しする儀式。

■■■ ろ
鹵簿【ろぼ】
お列のこと。現在は使用しない用語。自動車鹵簿といった使い方をした。

第1章

超秘蔵写真で綴る天皇陛下、皇族方と乗り物と

皇室の御動静と密接な関係にある御乗物。古くは車輿(しゃょ)に始まり、明治期になると馬車、船舶、鉄道と種類を広げ、大正期の自動車、昭和期の飛行機とその歴史は今も続いている。ここでは、その代表的なシーンとともに御乗物にみる平成の30年をダイジェストで綴る。

平成2年の御即位式の一連行事の一つ「即位礼及び大嘗祭後神宮に親謁の儀」で、皇大神宮（伊勢神宮内宮）参道を進まれる天皇陛下。2頭曳騎馭式（きぎょしき）の儀装馬車2号2番は、御成婚パレードでも活躍した。（H2年11月27日）

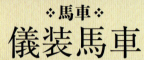

❖馬車❖ 儀装馬車

御垂髪（おすべらかし）と五衣唐衣裳（いつつぎからぎぬも）（俗称：十二単）姿の皇后陛下
（儀装馬車3号2番）

黄櫨染御袍（こうろぜんのごほう）を身にまとう天皇陛下（儀装馬車2号2番）

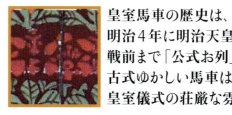
皇室馬車の歴史は、
明治4年に明治天皇が御乗用になられたことに始まり、
戦前まで「公式お列」は馬車とされ、自動車は「略式」とされた。
古式ゆかしい馬車は、美術品価値と共に
皇室儀式の荘厳な雰囲気を今に伝えている。

儀装馬車は、皇室儀式（非公開）のほか
信任状捧呈式（東京駅〜皇居を運行）に
その活躍の場は限られる。
現在御使用の馬車はそのほとんどが、
明治後期から昭和初期にかけて製造された。

❖ 儀装馬車 ❖

[上] 赴任した外国大使が、皇居で天皇陛下に信任状を捧呈する際に差し回される通称「信任状馬車列」。（東京駅中央玄関を出発）[右ページ上] 二重橋前を行く光景は、時代を超越した美しさ（儀装馬車4号）。[右ページ下] 和田倉噴水公園前を行く馬車列。

❖自動車❖
御料自動車

皇室と自動車の結びつきは、明治33年に大正天皇の御成婚奉祝を記念して「電気自動車」が献上されたことに始まる。歴代の御料車は、大正2年から数え15車種49台が導入されている。

平成の御大礼の祝賀パレード用に新調された「ロールスロイス・コーニッシュⅢ」。皇居内の二重橋（鉄橋）を渡り、皇居外苑へと向かう「祝賀御列の儀」お車列。夕陽を浴びた御料車と、天皇陛下の晴々としたお顔が印象的であった。（H2年11月12日）

[右上] 皇居宮殿南車寄からご出発直前の天皇皇后両陛下。[右中]「即位の礼」から3年後、皇太子同妃両殿下の御成婚パレードで再び国民の前に姿を現したオープンカー御料車。その威風堂々としたお車列は、国産御料車にも負けない貫禄を印象づけた。[右下] 皇居宮殿南車寄から東宮御所に向け御発される皇太子同妃両殿下。当日は朝から雨が降り続いていたが、パレードの時間に合わせるように天候が回復。オープンカー御料車によるパレードはお取りやめと思われたが、直前に使用することが決まった。(H5年6月9日)

❖ 御料自動車 ❖

「プリンスロイヤル」という車名は、当時のプリンス自動車工業が手掛けたクルマであったことによる。デビュー時は日産と合併した後であったため、車名に日産を冠し日産「プリンスロイヤル」となった。

皇族方への御料車差し回しは、晴れの舞台に華を添える。(高円宮絢子女王殿下ご結婚儀にあたり/H30年10月29日)

外国製の御料車に代わり、初の国産御料車として昭和42年に誕生した「プリンスロイヤル」御料車。平成20年まで41年にわたり活躍した。昭和天皇から引き継いだ大型リムジンは、日本の名車たる御料車の礎を築いた。

天皇皇后両陛下の御専用車ゆえ、皇族方は差し回しによって御乗車の機会を得る。左上・右上の写真は皇太子殿下の立太子の礼（H3年2月23日）のとき、右中は秋篠宮同妃両殿下の御結婚（H2年6月29日）のときに差回されたもの。いずれも皇太子旗、親王旗をボンネット上に立てている。

両陛下が国賓と御同乗になるときだけみられる2台走行。この時は1台目に天皇陛下とスウェーデン国王陛下、2台目に皇后陛下と同国王妃陛下とに分乗してご移動された。このような光景は、国賓を地方へご案内されるときに拝見することができる。（H19年3月28日）

❖ 御料自動車 ❖

昭和の時代は、リムジンタイプしかなかった御料車に
セダンタイプが加わったのが平成元年。
以来、用途に合わせて使い分けされている。

新旧のロイヤル御料車が同じお車列で使用されたのは一度だけ。（H19年3月28日）

市販車のナンバー位置に取り付けられた、菊華御紋章。その右上の銀色の円形プレートが、両陛下の御料車にだけ取り付けられる皇室用ナンバー。もちろん一般車と同様に、「車検」の対象である。

次世代のリムジン御料車、トヨタ「センチュリーロイヤル」

御料車にはナンバープレートがない!?

　両陛下を奉迎していると、沿道警備の警察官から「御料車にはナンバープレートはなく、代わりに菊の御紋章が取り付けてあります」といった説明を耳にする。確かに一般車のナンバープレートの位置に「菊の御紋章」が掲げられているが、これとは別に道路運送車両法施行規則で定められた円形・直径10cmの皇室用ナンバープレートが取り付けられている。警察官としては、わかりやすく説明をしたのかもしれないが、天皇陛下といえども特別扱いは受けていらっしゃらないのである。

国賓フランス大統領へ差し回された「センチュリーロイヤル」御料車（H24年6月7日）

ご訪問先に御着（おんちゃく）されるとまずは関係者からご挨拶をお受けになる。背後に写る御料車が現場の空気を一段と緊張させる瞬間でもある。セダン御料車は3台あり、皇室用ナンバーで登録され、国内各地へ出向く（鹿児島県屋久島にて／H29年11月16日）。

❖ 御料自動車 ❖

国産リムジン御料車第1号の日産「プリンスロイヤル」の後継車として、平成18年に誕生した次世代の国産リムジン御料車、「センチュリーロイヤル」。トヨタがセダン御料車のセンチュリーをベースに開発した皇室専用の特注車。

リムジンタイプの御料車のご使用の機会は、皇室や国家の重要行事に限られる。（H28年4月3日）

皇后陛下おひと方での公式行事御出席では皇后旗が掲出されるセダンタイプの御料自動車。

山陵での御参拝は、天皇陛下と皇后陛下それぞれに行われ

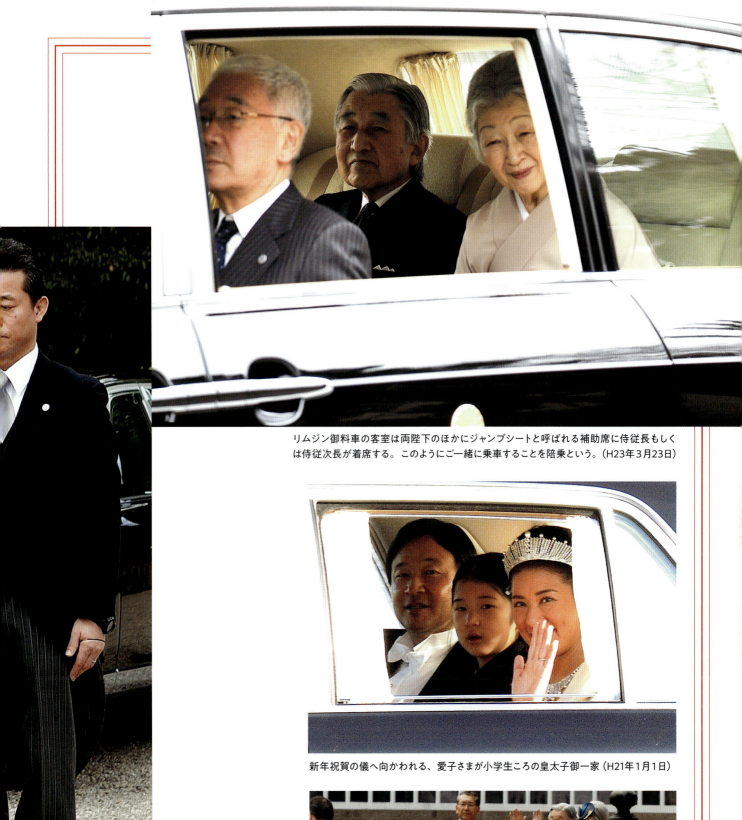

リムジン御料車の客室は両陛下のほかにジャンプシートと呼ばれる補助席に侍従長もしくは侍従次長が着席する。このようにご一緒に乗車することを陪乗という。(H23年3月23日)

新年祝賀の儀へ向かわれる、愛子さまが小学生ころの皇太子御一家(H21年1月1日)

ご訪問先で奉迎の人々に向けてお手振りでお応えになる天皇皇后両陛下。地方へのご訪問では、こうした機会が多く見られ、両陛下をより身近に奉迎することができる。おふた方ともこうした国民とのふれあいを大切にされている。(H26年5月18日)

天皇旗が立てられた御料車は、現場の空気をより一層引き締める。

❖ 御料自動車 ❖

 大型リムジン御料車は、車体の大きさが通常のセダンの1.5倍程度と大きい。そのため「特別な装い感」が強く、「国民との隔たりを生むのではないか」との天皇陛下のご意向により、日常のご公務ではセダンタイプの御料車が使用される。

両陛下は御料車の脇に歩を進められ、奉迎者へお応えになる。（H29年10月30日）

お帰りの際にも、御料車へ乗車される前に笑顔で奉迎者へお応えになる。(H25年11月16日)

現在ご愛用の「ホンダ・インテグラ」は、平成3年式の5速マニュアル車で、27年も大切に乗られている。車検なども特例措置はなく、法令点検等は直接、ディーラーと取引きされている。費用は公費ではなく、私費から支払われていると伝え聞く。

27年乗り継がれた陛下のマイカー

　天皇陛下は、平成3年に購入されたホンダ・インテグラを歴代のマイカーの中でも一番長くご愛用になっている。

　皇太子時代は、御養育中の皇后陛下のためにもと後部座席をストレッチした特注車に乗られたこともある。

　免許を取得された昭和29年からの65年の間に延べ11台を乗り継がれ、その11台目となったのが、ホンダ・インテグラ。

　陛下のマイカーに対するご愛着には、一般的な自動車好きを超越した何かがおありなのだろう。

❖ 天皇陛下の私用車 ❖

 天皇陛下は、皇太子時代の昭和29年3月に自動車免許を取得された。これまでに延べ11台の自動車をお乗りになっている。

運転席に天皇陛下、助手席には皇后陛下が着席され、後部座席には侍従や警護の者が御同乗する。陛下の運転は超がつくほどの安全運転を心がけておられるそうで、免許証の携帯をお忘れの時は御所まで取りに帰られる由。

❖ 鉄道 ❖
お召列車

明治5年に明治天皇が御乗車になってから147年の歴史を誇るお召列車。
これまでに製造された御専用車たる御料車は、
食堂車や展望車等25両が製造され、
現役6両(うち5両は保留車)、保管8両、一般公開8両が現存する。
(クロ157-1貴賓車とE655-1特別車両を含む)

昭和天皇は、お召列車をこよなく愛し、鉄道の旅を楽しまれていたといわれる。天皇陛下は御即位後、広く国民と同じ手段で移動することを望まれ、御専用の御料車を使用されることを避けておられた。平成8年に当時のベルギー国王陛下は国賓として来日した時、お召列車、すなわち鉄道の御料車へ乗車されることを強く希望された。このことによって1号編成によるお召列車は奇跡の復活を成し遂げる。以後、専用の車両を用いたお召列車は、多くの国民が関心を寄せることから、都度の状況に合わせて運転されることとなる。

❖ お召列車 ❖

1号編成の老朽化により、その代替として登場した次世代の皇室用車両。
一般向けの団体列車として活用できるハイグレード車両と
皇室用車両で編成するという、お召列車の概念を覆した画期的な「E655系」。

「E655系」お召列車の編成は、一般にも利用可能な団体車両「なごみ（和）」5両に、特別車両1両を組み込んだ6両編成で運行される。「E655系」は電車に属することから、電化されていない路線へ乗り入れる場合は、ディーゼル機関車による牽引運転が可能。

皇室専用車両は、御料車ではなく「特別車両」という言い方に改められた。菊華御紋章は昭和の貴賓電車から引き継いだもの。（H24年10月6日）

眩いばかりの光を放つ第1号御料車に掲出される直径40cmの菊華御紋章。

鉄道と菊華御紋章

　天皇と皇室を表す菊華御紋章。この御紋章を鉄道車両に掲出した歴史は古く、明治5年の鉄道開業式にまで遡る。以来、旧国鉄の流れを汲むJRへとそのスタイルは継承される。
　平成になって掲げられた御紋章は、そのほとんどが国鉄時代に製作されたもので、JRになってからの新調品はディーゼル機関車用として平成9年にJR東日本（大宮工場製）が、15年にJR西日本がそれぞれ製作した。
　御紋章は宮内庁ではなく、所有するJRが管理・保管し、次の出番に備える。

平成のお召列車復活劇の立役者、前ベルギー国王陛下と同国王妃陛下、現ベルギー国王となられた皇太子殿下らと御同乗になったのも22年前のこと。（H8年10月24日）

時代の変遷とともにお召列車の形態も様変わりしてゆく。
「できるだけ一般の人と同じ手段で移動したい」との陛下の思いから、
通常の列車や車両を使用したお召列車が数多く運転されるようになった。

❖ お召列車 ❖

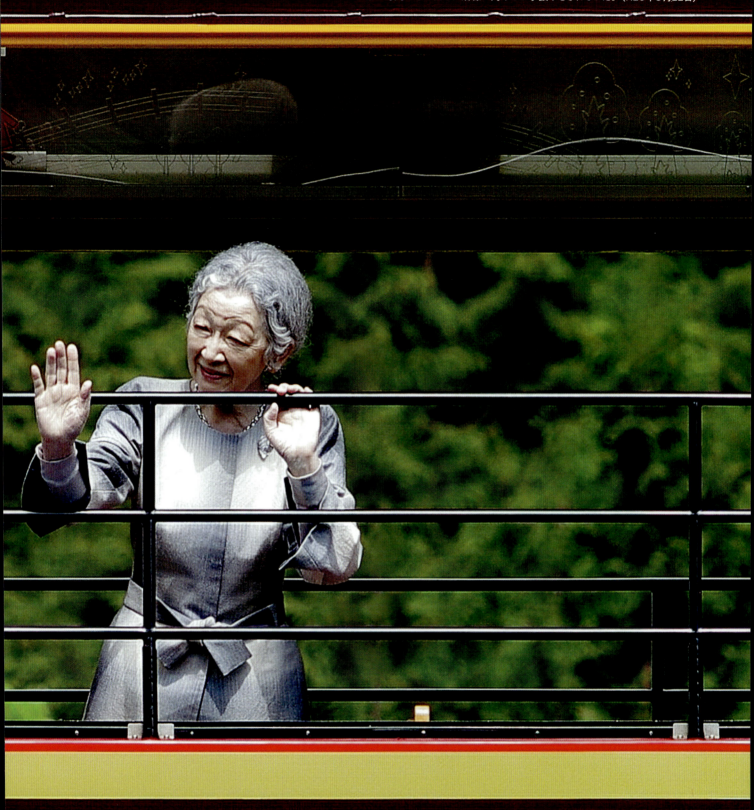

トロッコ車両から、沿線に集まった奉迎者へお応えになる両陛下。景色をお楽しみになる時間がないほど、沿線に向けてお手振りをされていた。（H26年5月22日）

私的に栃木・群馬両県をご訪問された時は、わたらせ渓谷鐵道でトロッコ列車に乗車された。両陛下が観光列車にご乗車になることは珍しい。

❖ お召列車 ❖

西日本エリアの御公務ではジョイフルトレインをお召列車として使用することも。
展望車からは沿線の風景を楽しまれる暇もないほど、
待ち受ける奉迎者に向けてお手振りでお応えになられた。

［右上］神奈川県を御訪問になった際には、箱根登山鉄道へ御乗車になられた。登山電車をご利用になられるのはこの時が初めてだった。［左上］一般車両を使用するお召列車では、このようにマークを掲出すること自体が珍しい。（H22年5月24日）

JR西日本をご利用の際には、展望車を連結した団体専用車両「サロンカーなにわ」へ御乗車になったこともあった。（H15年10月6日）

「特急はつかり号お召列車」から降り立たれる天皇皇后両陛下。御乗車になるグリーン車は、防弾仕様の車両が連結された。
(青森駅／H2年7月22日)

平成当初に行われた御乗車スタイルは、皇太子時代からのものを継承されたものだった。
(三沢駅／H2年7月21日)

❖ お召列車 ❖

新幹線網の発達や優等列車の充実といった時代の流れもあり、平成の中頃までは、通常の列車で一般旅客と一緒に移動される「混乗」という方法がとられることもあった。

国賓として来日した前ベルギー国王御一行を、2階建ての東北新幹線に御案内する天皇皇后両陛下。（小山駅／H8年10月24日）

東京駅で駅長自らが御先導するのは、両陛下と皇太子御一家に限られる。（H22年5月24日）

ファンの関心が薄い昭和のお召電車

　昭和天皇の時代は、常に御専用車たる御料車や貴賓車が連結された「お列車」が運転された。御料車を連結し、先頭の機関車に日章旗を掲げるお召列車には大勢のファンが詰めかけた。しかし、一般の特急型車両に貴賓車を連結したお召電車は、頻繁に運転されていたにもかかわらず鉄道ファンの関心は薄かった。今から思えば贅沢な時代だったのかもしれない。

　平成5年以降、特急型車両に貴賓車が連結されることもなくなってしまった。

お召列車から降り立たれると、県知事等のお出迎えを受けられる。（名古屋駅／H27年7月26日）

タラップを降りられ、出迎えの自治体首長らからご挨拶を受けられる。
（与那国空港／H30年3月28日）

✧航空機✧ お召機

戦後になり、皇室や政府要人の国内外への訪問に
航空機が多用される時代を迎えた。
長らくお召機（特別機）の運航は、日本で唯一国際線を運航し
「半官半民」の体制であった日本航空が行っていた。

機側直近でお見送りを受けられるのも、小型機ご利用ならではの光景。（沖永良部空港／H29年11月18日）

昭和の時代は先導者は後ろを振り向いてはいけないとされていた。時代の変化とともに、ご先導のスタイルも変わっていった。(与那国空港／H28年3月28日)

❖ お召機 ❖

全日空が初めて特別機を運航したのは、昭和37年5月のこと。
皇太子時代の両陛下が南九州を御訪問になった時であった。
以来、昭和〜平成を通じて57年にわたり特別機を運航し続けている。

パラオ国から羽田空港に到着した全日空特別機。フライトが夜間になることは、海外へのご訪問でも珍しい。(羽田空港／H27年4月9日)

タラップを登られ、お見送り者へご会釈される両陛下と皇太子ご夫妻。

Vスポットと呼ばれる専用施設

羽田空港の第2旅客ターミナル51〜53番搭乗口の対面にVIP専用の施設がある。貴賓室と駐機場を備え、皇室をはじめ外国賓客や政府要人等が利用する。貴賓室から直接搭乗できるボーディングブリッジはなく、タラップを使用し搭乗する。VIPへの狙撃防止を目的として、通称Vスポットが見下ろせるターミナルビルの窓はカーテンが降ろされる。空港周辺の道路へは専用のゲートから出入が可能となっており、目の前を走る首都高速道路にも専用の特別口が設けてある。

雪降る羽田空港をお発ちになり、陸上自衛隊C130輸送機で硫黄島へと向かわれた。(H6年2月12日)

被災地へのお見舞いや小笠原諸島ご訪問など、陸・海・空、自衛隊それぞれの機動力を発揮し、両陛下のご活動をサポート。昭和天皇も自衛隊ヘリで移動されたこともあった。

❖お召機❖

▲東京都三宅島へは、警視庁のヘリコプターで日帰り訪問された。(H18年3月7日)

▶東日本大震災に伴う被災地お見舞で宮城県へ向かわれた皇太子同妃両殿下の自衛隊特別機(H23年6月4日)

◀小笠原諸島母島ヘリポートへご到着された両陛下。このときのご訪問では、陸上自衛隊、海上自衛隊の航空機を多用され、硫黄島へも足を伸ばされた。(H6年2月13日)

フィリピン国ご訪問では、同国内の移動に海上保安庁のヘリコプターを使用された。(H28年1月29日)

パラオ共和国ご訪問時は、海上保安庁の巡視船「あきつしま」を御泊所とした。

❖船舶❖
お召船

明治以来の歴史の中、鉄道の発展とともに
ご利用の機会が減少していった船舶。
この30年間の国内ご利用は5回と希少な機会となった。
船体に掲げる天皇旗は、明治22年の海軍旗章条例で制定され、
大型船はメインマスト、短艇は艇首に掲げる。

［上］琵琶湖ご遊覧時は、小型船「リオグランデ」の艇首に天皇旗を掲げた（H19年11月11日）。［下］小豆島ご訪問時は、メインマストに天皇旗を掲げた高速艇をご利用になった（H16年10月4日）。

北海道奥尻島へご訪問の際はフェリー「アヴローラおくしり」に御乗船された天皇皇后両陛下（H11年8月19日）。

第2章

東京奠都の輿、両陛下と
儀装馬車の思い出から捧呈式まで

御料馬車

皇室で馬車の使用が始まったのは明治四年のこと。
それまで天皇の御乗物（おのりもの）は「輿（こし）」とされた。
明治天皇が明治元年九月の東京奠都（てんと）に際し、
京都御所を出発し東京へ行幸した際も「輿」であった。
以来、皇室の伝統ある御乗物として、
一四八年の歴史と伝統が今も息づいている。

❖ 御料馬車 車輿考

江戸時代、第119代・光格天皇の御代に「輿車図考」として
松平定信編著、渡辺広輝画により、古代の輿と車の起源や種類等を
図や古記録から考証した書（16巻）が世に出されている。

東京奠都により、明治天皇が東京へ行幸された時の乗り物は「輿」であった。

天皇御料の御乗物は輿と定められ、輿は19種、車は13種に形態分類

古来の文献上では、第11代・垂仁天皇の御代に「人が自身の足ではなく他の方法」により移動する手段として「輿」なる乗り物を利用し始める。

その後「輿」に「車輪」を取り付けたものとして「車（俗称：御所車）」が登場するのが、17代・履中天皇の御代となる。

この頃はいまだ「車輿」に関する制度等はなく、誰しもが自由に選択し、利用できたものと考えられる。しかし、第42代・文武天皇の時代（西暦701年）になると朝大寶令により「天皇御料の御乗物は輿」、「車」は臣下の乗り物と定められた。「葬車」については当時の官位制五位以上の者がその使用を許されたとある。馬車が登場する明治期までの間、「車」の使用が最も盛んだったのは平安時代。その時代思潮からも「美を競った」とされる。

天皇がお乗りになる「輿」は2種類あり、お出かけや諸儀式の際は鳳輦、神事の際には葱花輦を乗御された。葱花（華）輦は鳳輦に次ぐ乗り物であるが、昭和天皇の大喪の礼で使用されたことから御葬儀で使うものという印象が強い。古くは即位儀式での奉幣の行幸や春日・日吉など諸社へのお出まし等にも使用された。

形態は、鳳輦が屋上に鳳凰、葱花輦は葱花が取り付けられる。古代・中世における乗り物文化については、1804年（文化元年）に松平定信、国学者らの手によって故実研究書「輿車図考」としてまとめられており、輿は19種、車は13種に形態分類される。

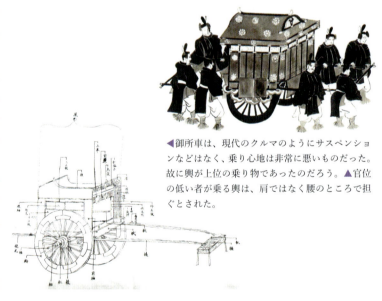

▶昭和12年に宮内省図書寮でまとめられた車輿考。宮内省オリジナルの文献で、附図は2冊編纂されている。宮内公文書館に所蔵され、誰でも閲覧することができる。

▲天皇が乗る輿は輦と呼ばれ、日本書紀では神武天皇31年に「皇輿」という記述が見られる。しかし、実際には第11代・垂仁天皇の御代に使われたとする説が有力視される。

◀御所車は、現代のクルマのようにサスペンションなどはなく、乗り心地は非常に悪いものだった。故に輿が上位の乗り物であったのだろう。▲官位の低い者が乗る輿は、肩ではなく腰のところで担ぐとされた。

▶ながえ轅（棒）を肩に担ぐか、腰の位置で持つかは身分によって異なる。

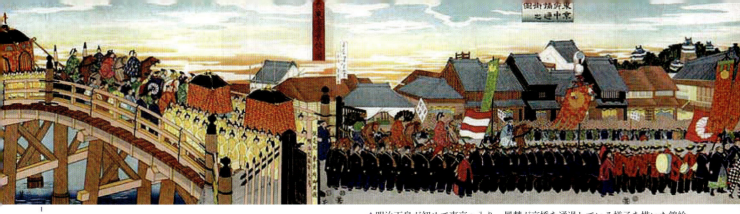

▲明治天皇が初めて東京へ入り、鳳輦が京橋を通過している様子を描いた錦絵。
東京府中橋通街之図・其二東京府京橋之図（絵師：月岡芳年）

御料馬車

神社祭礼の神輿は天皇の「輦」がルーツ

　天皇が乗る輿は輦と呼ばれ、輦を肩で舁く（担ぐ）者を駕輿丁と呼んだ。屋形は方形造といい、頂に金銅製の鳳凰を乗せたものを「鳳輦」、葱花（宝珠）を乗せたものを「葱花輦」という。

　神社の祭礼に用いられる神輿は、この天皇の輦がルーツとされる。時代の変遷とともに輿は天皇に限らず、相応の官位につく者にも使用されるようになる。その輿は、舁く（担ぐ）者を駕輿丁とは呼ばず力者と呼んだ。力者は肩ではなく腰のところで担ぐことから、腰輿または手輿とも呼ばれた。

　明治天皇は馬車導入以前、公的儀式以外は板輿でお出かけになった。輿には、板輿と四方輿があり、板輿は屋形の素材により、板製の板輿、檜の板を編んだ網代輿、筵張りの張輿、屋根のない床だけの坂輿等があった。

　四方輿は、板輿よりも上級な輿で、屋形の四方を開放して御簾を垂らし、風通しや眺望を良くしたものであった。

▲京都御所に保存されている、皇女和宮が使用した輿。▶宮中賢所の御神体をお乗せした御羽車（大正の御大礼）。

現代にも引き継がれる輿、葱華輦と喪輿

　皇室において現代で輿と付くものは「喪輿」「葱華輦」があり、宮中三殿のひとつ賢所の御神体（神鏡）をお運びする「御動座」に使われる輿は「御羽車」と呼ばれる。

　葱華輦は、昭和天皇の大喪の礼で使用されたことから知る人も多い。古くは皇室の神事で使用されたもので、天皇に限られた神事ゆえの葱華輦である。皇族方の場合、葬場等で霊柩をお移しする際に用いる輿を喪輿といい、都度新調されるものではなく修繕しながら代々お使いになっている。

▲京都御所が所有する牛車（八葉車）、京都・時代祭でも使用される。

▼葱華輦は一代の使用に限られ、解体処分される。

❖御料馬車 創成期〜儀装馬車1号

日本における馬車の歴史は、明治2年に東京〜横浜間で開業した乗合馬車に始まる。
皇室に馬車が導入されたのは明治4年のこと、フランス国公使より買い上げたものだった。
明治、大正、昭和、平成と148年にわたる歴史と伝統が今も息づいている。

明治天皇の国儀車と大正と昭和の御大礼で使用された特別儀装馬車。

▲「国儀車」は、明治21年9月にイギリスより購入。車体の「船底釣鋼塾三方七枚硝子張箱（ふなぞこつりこうじゅくさんぽうななまいガラスばりはこ）」の頂には金製鳳凰が輝く。

明治天皇の御料馬車
国儀車、御料儀装車

慶応4年9月に元号が明治に改められ、東京奠都によって同年10月に明治天皇が東京へ行幸された。この時の乗り物は「輿」であった。

日本における馬車の歴史は、明治2年に東京〜横浜間を乗客輸送用として営業を始めた乗合馬車に始まる。これがきっかけとなり日本各地に普及したと言われる。

それ以前となる江戸時代は、時の江戸幕府により江戸や京都の一部を除いて「車（御所車や大八車）」の通行が禁止されていた。こうした政策が移動手段の多様化に制約を与えていたと推察する。

皇室に馬車が導入されたのは、明治4年にフランス国公使より買い上げたものを改造した「御料四人乗割幌馬車」であった。上箱部分は日本製のものに交換し、下回りはフランス製のまま使用した。初めてこの馬車に明治天皇が乗られたのは、明治4年8月6日、皇居内・吹上御苑へのお出ましであった。

明治期の馬車のうち、明治天皇の御料馬車が9台あったことは当時の記録写真で確認できる。そのほかの皇族方や臣下車、運搬車等が何両存在したかは記録が残っていない。

明治7年には、観兵式や議会開院式等の公式行事で使用するための馬車を導入した。外務省から引き継ぎ修繕したイギリス製「御料儀装車」（現在の儀装馬車2号1番／製造年不明）である。

明治21年9月には、翌年の大日本帝国憲法発布式で使用する「国儀車」をイギリスから購入している。馬車の屋根には金製（原文のママ）の鳳凰が取り付けられた。これは輿に取り付けられていた鳳凰を模して継承したもの。この馬車は、2019年秋に開館予定の明治神宮ミュージアムで展示される。

▲フランス国公使から買い上げた「御料四人乗割幌馬車」

▲外務省から引き継ぎ受けした「御料儀装車」（現2号1番）

御料馬車

▲儀装馬車1号、旧名は特別御料儀装車。

▲大正時代は座駕(ざぎょ)式、昭和の御大礼の際に騎駕(きぎょ)式に改められた(写真は現状の騎駕式)。

▲箱の上縁には菊葉を囲綾(いにょう)し、左右中央に菊華御紋章を附す。

6頭立て騎駕式の馬車編成(昭和の御大札)。

大正と昭和の御大礼だけに使用した「特別御料儀装車」

大正天皇の即位礼に際して大正3年7月に製造された特別馬車。力柴大次郎、池田喜兵衛、有原豊次郎の三人の日本人が製作を担当。当時は、会社組織ではなく個人事業者が御用職人として宮内省に出入りしていた。製作費は当時の価格で1万7746円85銭。カレーライスが10銭程度の時代であるから、現在の価値に換算すると約1億2500万円くらいだろうか。馬車の形式は、船底四人乗釣鋼塾(ふなぞこよにんのりつりこうじゅく)付三方七枚硝子張箱(つきさんぽうななまいガラスばりはこ)で、下回りの鋼塾と眞棒はフランスから輸入したものであった。基本的なスタイルは明治天皇がお使いになった国儀車に準じる。長さ4.45m、幅1.94m、高さ(鳳凰を含む)3.17m、重さ約1,500kg。馬車屋根の中心部に輝く鳳凰は、高さ73㎝、横85㎝、長さ87㎝、重さ40kgの真鍮製に金メッキを施したもので、作者や製造年は不明。登場時は番外車(鳳凰車)と呼ばれ記号番号が付与されていなかった。

大正の即位礼のあとに第11番という番号が付与される。その後12番となり、大正12年の関東大震災で大破し、大修復を経て昭和天皇の即位礼で「特別御料儀装車」として再び使用された。昭和38年になると現在の呼称である「儀装馬車1号」に改称された。これまでに一般向けに公開されたのは2回だけで、昭和60年7月の東京日本橋高島屋と、平成17年11月から18年5月に昭和天皇記念館での展示のみである。

二度の即位礼では東京と京都の御列で使用

大正と昭和の即位礼では共に、皇居〜東京駅と京都駅〜京都御所の間で天皇が御乗用になった。当時は、東京駅〜京都駅の鉄道移動は時間を要したため、名古屋離宮(名古屋城本丸)にお泊まりになってから、京都入りされた。この時間差を利用して東京御列で使用した馬車は、鉄道貨車によって京都へ運ばれ先回りした。これらの馬車を輸送するにあたり、大礼使という宮内省内の組織によって馬車輸送専用の貨車が24両製作された(資料編P125参照)。

❖ 御料馬車

皇室の重要儀式で用いられる2台の儀装馬車。
天皇陛下は儀装馬車2号、皇后陛下・皇太子殿下は儀装馬車3号を御乗用に。
これらの馬車は神宮神域内と皇居内で使用される。

両陛下、即位礼及び大嘗祭後神宮に親謁の儀。
皇太子殿下、立太子礼・賢所皇霊殿神殿に謁するの儀。

▲船底型割幌と呼ばれる4人乗り騎馭式（2号2番）

▲昭和34年の御成婚パレードはこの姿で使用された

▼豊受大神宮に親謁の儀へ臨まれる天皇陛下（H2年11月27日）

天皇陛下の御乗用馬車は、御成婚パレードでも使用された

儀装馬車は、皇室の重要な儀式を行う際に使用される。種類は、1号から4号までの4車種、21両が現存する。儀装馬車2号は3台現存するが、天皇陛下がご使用になるのは2号2番と呼ばれる。この馬車は、昭和34年の両陛下の御成婚パレードでも使用された。古くは昭和の御大礼で、香淳皇后が御乗用になったほか、昭和33年までは国賓の皇居参内の際に差し回された。昭和3年、宮内省主馬寮(しゅめりょう)（現在の車馬課）工場で製造。騎馭式、全長4.51m、幅1.87m、高さ2.24m、重さ1,125kgで、当時の価格は1万2708円42銭だった（現在の価値に換算すると約9000万円程度）。車体は漆塗りで胴が海老茶色蝋色(ろいろ)と言って漆塗りの磨きだしになっている。登場時は、御料儀装馬車2番と呼ばれていたが、昭和38年に儀装馬車2号2番に改称された。

儀装馬車2号

▲豊受大神宮に親謁の儀へ臨まれる皇后陛下（H2年11月27日）

儀装馬車3号

▲神宮に親謁の儀（内宮）へ臨まれる皇后陛下（H2年11月27日）

▲賢所皇霊殿神殿に謁するの儀で皇居宮殿から御乗車になる皇太子殿下（H3年2月23日）

▲船底型割幌、4人乗り座駅式（3号2番）

▲立太子礼、御成年式共に天皇陛下・皇太子殿下が御乗用になった

皇后陛下の御乗用馬車は、皇太子殿下の立太子礼でも御使用に

儀装馬車2号と同様に、皇室の重要儀式で使用される儀装馬車3号。現存台数は2台で、皇后陛下や皇太子殿下がご使用になるのは3号2番と呼ばれる。

昭和3年、宮内省主馬寮工場で製造。騎駅式、全長4.52m、幅1.91m、高さ2.24m、重さ1,099kgで、当時の価格は1万9956円13銭（現在の価値に換算すると約1億4千万円程度）だった。車体は漆塗りで胴が海老茶色蝋色。

登場時は、騎駅式の儀装馬車18番と呼ばれていたが、昭和4年に座駅式に改められ御料儀装馬車2番と改称、さらに昭和38年に儀装馬車3号2番となり現在に至る。

平成11年と21年に皇居東御苑で一般公開（展示）と、21年に記念運行が、儀装馬車2号2番と共に行われた。

平成2年の豊受大神宮（外宮）と皇大神宮（内宮）への御親謁では、皇后陛下御乗用として神宮の禰宜二人を先頭に2頭曳きの馬車、女官3名、女官長、侍従という御列で使用された。

同型の3号1番は、大正2年に個人商の力柴大次郎、池田喜兵衛、有原豊次郎の三氏による日本製。関東大震災で大破するも復旧修覆後は、大正8年に昭和天皇の御成年式で使用された。昭和3年には昭和の御大礼で香淳皇后も御乗用になっている。

皇后陛下は、平成30年の御歌で「儀装馬車」のことをお詠みになっている。「赤つめくさの名ごり咲きみ濠べを儀装馬車一台役を終へてゆく」。信任状捧呈式を終えた儀装馬車が、皇居のお濠端を戻る姿を詠まれたものである。

御料馬車
両陛下と儀装馬車の思い出

昭和34年4月10日に行われた儀装馬車による御成婚パレード。
両陛下にとっても、国民にとっても、
思い出深い20世紀の出来事であったに違いない。

▼馬車は乗車位置が高いため沿道からは良好にお姿が拝見できたそうだ。

皇居から東宮仮御所（渋谷区）までの8.18kmを、4頭立ての儀装馬車が走り抜けた御成婚パレード。沿道にはお二人をひと目見ようと53万人もの観衆が詰めかけた。テレビの普及台数や雑誌の売り上げも上がった。当時の報道記事を見返すと、お祝いムードを盛り上げる活字があふれ社会は「ミッチーブーム」に沸いていた。

昭和天皇・香淳皇后の御成婚（大正13年1月）の時は、皇居から赤坂離宮まで御料自動車で移動された。関東大震災で馬車が被災したことによる措置だった。

大正天皇・貞明皇后の御成婚（明治33年）の時は馬車ではあったが、馬車をオープンにしてパレード等ということはなかった。

華やかで煌びやかな儀装馬車によるパレードといえば、両陛下が歴史に1ページを刻んだことは、間違いない。

パレードのお道筋は、輓馬（ひきうま）への配慮なのか、アップダウンのない平坦なルートが選ばれた。結果、大回りをする祝賀コースとなり、より多くの国民から祝福を受けられることとなった。

▲実際の御成婚パレードは4頭立てであった。

ミッチーブームは最高潮に。53万人の人々が沿道で祝福。

儀装馬車を懐かしそうに御覧になる
両陛下のお姿を拝見すると、
祝典行進曲とともに馬の蹄の音が聞こえてくるようだ。

▲模擬運行を御覧になる両陛下（H21年11月29日）。

▲デパートで展示された馬車を御覧に（H21年4月15日）。

御在位二十年を記念して行われた儀装馬車の模擬運行。

▲2頭立ての儀装車3号による模擬運行。

平成21年11月、皇居東御苑で二日にわたり行われた儀装馬車の模擬運行。使用された馬車は、御成婚パレードで使用された儀装車2号2番と、皇后陛下や、皇太子殿下がご使用になった儀装車3号2番の2台であった。共に2頭立てで組成され、1日2回、合計4回のデモンストレーション走行を行った。

最終日の午後には、両陛下がサプライズでお出ましになり、馬車運行を御覧になった。会場は観客の驚きと喜びの歓声に包まれた。両陛下は目を細め、時折会話をなさりながら、ゆっくりとした蹄の音と共に進む馬車をお懐かしそうに御覧になった。

馬車は、御者と呼ばれる輓馬を操る職員が乗る位置により形式が異なる。儀装馬車2号は騎馭式と呼ばれ、御者は輓馬に乗る。座馭式の儀装馬車3号は、馬車前部の一段高い位置にある御者台へと乗り込む。両陛下が御成婚パレードで使用されたのは騎馭式と呼ばれるものであった。

▲会場にサプライズでお出ましになられた両陛下（H21年11月29日）。

❖御料馬車 信任状捧呈式

「信任状捧呈式」とは、新任の外国の特命全権大使が天皇陛下に信任状を捧呈する儀式のこと。新任大使の送迎に馬車を使用している国は、日本のほかイギリスやスペイン等少数の国に限られる。東京駅から皇居宮殿南車寄まで、片道10分の道のりを古式ゆかしい馬車列が進む。

送迎は御料自動車か、儀装馬車かを選択することができる。エアコンのない馬車ゆえ、真夏には御料自動車も活躍。

▲2頭立て座駁式の儀装馬車4号。

> 新任大使は、儀装馬車4号
> 随従者は、普通馬車で参入する

外国から赴任してきた大使が自国の元首から預かってきた「信任状」を天皇陛下に捧呈する儀式を信任状捧呈式という。この儀式は皇居宮殿で行われ、年間平均するとほぼ毎月のペースで行われている。

新任大使は、東京駅から皇居へ送迎が行われる。この送迎には、天皇陛下から御料自動車か儀装馬車が差し回される。どちらにするかは大使自ら選ぶことができ、ほとんどの国は儀装馬車を選択している。馬車を送迎に使用する国は、日本のほかイギリスやスウェーデン、オランダ、スペイン等一部の国に限られる。

馬車の場合は、儀装馬車（4号）、自動車の場合はリムジン型御料自動車（センチュリーロイヤル）が使用される。儀装馬車を使用する皇室の重要儀式は、皇居内や伊勢神宮等ごく限られた場所で行われるため、信任状捧呈式は一般公道上から儀装馬車を間近に見られる唯一の機会となる。雨天等天候によっては、馬車列から自動車列に変更される場合がある。

馬車列は、東京駅中央玄関を出発し、行幸通りを進み、皇居外苑坂下口から皇居前広場を通り二重橋を渡り、皇居宮殿南車寄まで往復する。東京駅が復元工事中であった平成19年から29年までは、二重橋に程近い明治生命館が発着地となっていた。古くは、皇居に近いパレスホテル（現：パレスホテル東京）が発着地であった時代もあった。平成23年の東日本大震災の際には、皇居正門の瓦が崩れるなどしたため、3月から11月まで馬車列が中止された。これは皇居正門を迂回するルート上で坂下門から宮殿へ向かう途中に坂があり、鞍馬で上ることは困難として、自動車列に切り替えられた。

▲東京駅からの出発が定例化したのは平成4年から。

▲御料自動車による送迎が行なわれることも。

▲随従者が乗る普通馬車と供奉自動車。

▲歩行者専用ゾーンにある特殊な交通標識。

同日に2か国が実施される場合、馬車列は国ごとに用意される

馬車列は、警視庁の騎馬隊が先導警護に当たり、儀装馬車、皇宮警察と警視庁の騎馬隊と続く。このような馬による警衛・警護は他国に例がなく珍しい。行幸通り中央の歩行者専用ゾーンには、「信任状捧呈式関係車両・自転車は除く」と記載された道路標識があり、馬車列は歩行者専用ゾーンを通行することができる。

東京駅から皇居までは片道10分の道のりで、おおむね一度に2か国行われるのが例になっている。時間帯は午前が多く、季節によっては午後の場合もある。運行日と大まかな時間については、宮内庁のHPで告知される。

運行は、1国につき1つの馬車列で、2か国であればそれぞれの馬車列が用意される。これは捧呈式が30分の時差をもって次々に行われるため、A迎え→B迎え→A送り→B送りとラップするように馬車を運行しなければならず、1つの馬車列では対応できないからである。

馬車列のほかに、宮内庁車馬課の職員を乗せた自動車数台と馬糞を処理する軽トラックで一団を組む。東京駅前では、A空馬車着→A国実車発→B空馬車着→B国実車発→A国実車着→A空馬車発→B国実車着→B空馬車発と全部で8回(2ヶ国の場合)見学ができる。

儀装馬車4号は、秋篠宮殿下の御成年式でも使用された

儀装馬車4号は、御料馬車の中で最多となる15両が現存している。信任状捧呈式で使用されるほか、昭和60年の秋篠宮殿下(当時の礼宮殿下)の御成年式でも使用(4号3番)された。15両のうち現在、主に使用されているのは、4号2番、3番、6番で、最古参は、明治41年製の4号8番である。すべてが座駅式で、車体(箱)の塗色は胴が海老茶色蝋色。4号5番(明治41年製)は、根岸競馬記念公苑に払い下げられて常設展示されている。4号3番は、平成5年に皇居東御苑で行事パレードに参加したことがある。随従者(お付の人)が乗る馬車は「普通車」と呼ばれ、1号(旧名:御料普通車)、3号(旧名:貴客車)、4号と番号が付与される。

信任状捧呈式の随従者用としては、3号1番(元1号1番)から5番までのうち、4番(元3号1番)を除く3両が使用されている。

普通車は、全て座駅式で車体(箱)の塗色が青黒であり、内装(内張り)が儀装馬車と異なる。普通車2号(旧名:御料片幌車)は、昭和天皇・香淳皇后がご新婚時代にご使用になった。

▲上から馬車列を見られるのも丸ノ内のビル街ならではの光景。

▶二重橋の石橋を渡る馬車列は、明治時代そのままの風景と言っても過言ではない。変わらぬ皇居の風景と馬車との組み合わせが、タイムスリップしたような気分にさせてくれる。

◀新任大使と随従者を待ち受ける「車従」と呼ばれる職員。

❖ 御料馬車　裏方の車両と展示車両

裏方に徹した馬車には訓車（なれしゃ）や運送車があり、訓車は日頃の鞁馬の練習に使用される。
特別車は、いわゆる霊柩馬車として昭和20年代まで使用された。
普通車2号は、昭和天皇・香淳皇后の新婚旅行で使用された思い出の馬車である。

機会あるごとに展示される馬車もあれば、陽の目をみることなく余生を送る馬車もある。

▲皇居東御苑で展示された際の儀装馬車2号2番（左）と儀装馬車3号2番（右奥）。

▲京都御所の新御車寄に展示された時の儀装馬車2号2番。

▲昭和天皇・香淳皇后思い出の馬車「普通車2号」も保存されている。

▲鞁馬の練習用として使用される訓車は7両が現存。

間近で見る儀装馬車は、眩いばかりの美しさであった

皇室の馬車を、間近に見る機会として、様々なイベントにおける展示がある。これまでに儀装馬車1号（旧名：特別儀装馬車）は広く一般に公開されたことはないが（夏休み霞ヶ関子供見学デー及び過去2回の展示では公開されたことがある）、儀装馬車2号、3号、4号は展示の機会があった。

御即位の周年行事に際しては、10年と20年の節目を記念して皇居東御苑での展示や模擬運行、京都御所でも展示が行われた。都内や京都の百貨店でも展示されたことがある。現役を退き払い下げられた馬車を常設展示している博物館等もある。

裏方の馬車では、訓車や運送車があるが、いずれも表舞台に出てくることはない。訓車や運送車は、日頃の鞁馬の練習に使用され、開園前や休園日の皇居東御苑を走っている。

古くは明治19年から大正2年に製造された7両が現存する。運送車は、明治19年から大正11年に製造された3両が現存している。このほかにも保存や保管状態にある馬車数両が東御苑内の馬車庫や御料牧場にある。その中には、特別車（霊柩馬車）4両も含まれる。

▶貞明皇后の大葬儀に際して使用した特別車（霊柩馬車）2両。青山御所→豊島岡墓地→原宿駅と東浅川駅→多摩東陵、それぞれで使用されたもの。現在も、皇居内の馬車庫で保管されている。

第 3 章

その華麗な歴史と
国産御料車、特別車、
私用車を秘蔵写真と資料で大公開

御料自動車

皇室で初めて自動車を所有し、自ら運転されたのは明治期の皇族、有栖川宮威仁親王。自動車の宮様として名を馳せ、皇室(宮内省)の自動車導入にも御尽力された。その甲斐あって大正二年に初代御料自動車としてデムラーが登場する。以来、一五車種四九両の御料自動車(通称:御料車)が導入されている。

❖ 御料自動車 その歴史と背景

「御料」とは両陛下の御物(ぎょぶつ)を意味する。両陛下の御乗用車＝すなわち御料自動車となる。
皇室に初めて自動車が導入されたのは大正2年3月のこと。
明治天皇の時代にも導入は検討されたが、実現には至らなかった。

 **明治政府から派遣された当時随一の自動車通である
大倉喜七郎男爵が外国まで赴き、選定・購入を主導した。**

皇室と自動車の結びつきは、明治33年の献上車にはじまる

日本の歴史上で初めて自動車が登場するのは、明治31年1月のことだ。フランス国のブイ機械製造所がデモンストレーションを目的に「トモビル号」(石油発動4輪自動車4人乗り)を輸入したのが最初と記録されている。

この2年後の明治33年9月には、大正天皇の御成婚奉祝を記念し、在留サンフランシスコ日本人会より「電気自動車1台(米国ウッズ社製4輪車「ビクトリア号」)」が大正天皇(当時は皇太子)に献上される。これが皇室と自動車史の始まりとなる。残念ながら、この自動車に大正天皇が御乗車になった記録はない。お住まいであった青山離宮(現在の赤坂御用地)内にあった東宮御所で御覧になっただけであった。試走する自動車を御覧になって大正天皇は「自動車とはことのほか速度の遅きものである」とおっしゃったと記録にはある。大正天皇のご試乗が叶わなかったのは、事前のテスト走行が失敗に終わったためといわれている。当時の新聞には「ブレーキ故障のため赤坂の外濠へ転落」とある。テスト走行を見た観衆は「馬なき馬車が走っている!」と呆然と立ち尽くしたと当時の新聞記事は伝えている。ところで明治天皇が、この献上車を御覧になった記録は見あたらない。明治41年5月に三越呉服店との謁見で、自らのご希望により同店が献上品を運搬して来たトラック(諸説あり)を皇居(明治宮殿)東御車寄(みくるまよせ)で御覧になったという記録はあるのだが。明治天皇は、明治43年に御料車購入に関して御裁可された。

この購入予定の自動車図面を御覧になった記録も残っている。しかし、それまでに自動車へご試乗になった、御覧になった、等の記録は残念ながら見あたらない。

▲アメリカ・ウッズ社製4輪車「ビクトリア号」。
▶ブイ機械製造所がデモを目的に輸入した「トモビル号」。

明治政府の自動車初使用は、明治43年の外国賓客接遇だった

皇室への自動車導入が検討されていた明治43年3月、外国賓客として来日した清国の載濤殿下による日本陸海軍の視察が行われた。この時、明治政府として初めて自動車を使用し、賓客をもてなした。この自動車は、個人所有のものを「徴発」により入手するという強引なやり方だったと記録にある。

この頃から、自動車に関する事象が活発になってゆく。明治43年12月21日付の官報には、「皇室令第23号、調度寮内に9名の運転手(技師1名奏任、技手8名判任)を配置」と告示され、宮内省として公に「自動車」という文字が登場した。しかし、明治43年に宮内省が自動車を購入した記録は見あたらない。とはいえ、当時の新聞記事に、「明年(明治44年)春陽の候には独逸(どいつ)皇太子殿下御来遊の事もあるを以て今回自動車数量を購入し調度寮の管理に属せしむる事となり……」とあることからも、明治政府が天皇御乗用以外の用途として自動車を購入したことは間違いなさそうだ。

▲運転席に座る有栖川宮威仁親王とダラック号。

「自動車の宮様」と呼ばれた 有栖川宮威仁親王

馬車や人力車ばかりであった明治30年代の終わり頃、「自動車の宮様」と呼ばれた皇族がいた。有栖川宮家最後の親王である威仁親王がその人である。明治天皇からの信任が非常に篤く、明治32年から36年まで大正天皇(当時は皇太子)の輔導(ほどう)(アドバイザー)を任されていた。当時、大正天皇へ電気自動車(前述)が献上されていたこともご存じであったはずである。その後、威仁殿下が自動車へご関心を持たれるきっかけになったと推測される。威仁親王は明治38年4月から、ドイツ皇帝長子ウィルヘルム皇太子の結婚式に、明治天皇の御名代としてご参列のため渡欧された。8月のご帰朝の際にはフランス製自動車「ダラック号」(4気筒35馬力・幌型ガソリン車)1台を購入(輸入)し、専任のイギリス人運転手をも雇い入れお帰りになった。

当時としては自動車の所有(自家用車)をはじめ、威仁親王自らが運転をなさるという、とてもハイカラな宮様であり、殿邸の一部に修理工場を設備されるなど自動車に大変ご熱心であったようだ。

以後、威仁親王は「ダラック号」を皮切りに、明治42年4月にドイツ製「メルセデス」、43年4月にイギリス製「デムラー」の計3台を輸入した。いわゆる高級車としては、日本に初めて渡来したものであったであろう。

大正天皇(当時は皇太子)は、皇室に自動車が導入される以前、すでに威仁親王の運転により、お住まいの青山離宮内でご試乗になっていた。威仁親王は、国産自動車「タクリー号」の開発にも熱心に携わり、日本自動車史の礎と発展に大きく寄与された。

御料自動車

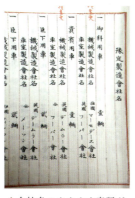

▲明治44年11月、正式に自動車注文に着手した際の宮内省の稟議書。購入予定社と車名が記されている。枠外に朱書きで会社変更の文字も読み取れ、車種を変更したことがわかる。皇室への自動車購入にあたり、当時自動車通で知られた輸入商「大倉組」の大倉喜七郎男爵が明治政府から欧州へ派遣された。▶その自動車に関する実態調査中に大倉が失態を演じて書いた始末書の写し。「申訳無御座候」の文字が文書中央に読み取れる。

▲会社名のカタカナ表記が、その時々で統一されていないのもこの時代ならではの特徴。

▲繊細に描かれた車内装飾品の注文図面。

▲大正2年に導入された初代第1号御料車デムラー。

御料自動車

明治43年に明治天皇の御裁可を経て、ようやく御料自動車の注文へと動き出す。

大正10年には、2代目の御料車「ロールスロイス」が登場する。大正天皇は晩年、御歩行が困難な状況であったため、改造が加えられた貴賓車が2車種あった。第一次世界大戦中の御料車は、同盟・対立国の関係からドイツ車の名が消え、イギリス車が中心となる等、日本を取り巻く世界情勢の影響を受けた。

▲第二次世界大戦後は、アメリカ車も採用された。

▼赤ベンツは、昭和7～10年に7台を導入。

明治天皇の御裁可から、調査・査定を経て購入へ

皇室への自動車購入は、明治43年に明治天皇の御裁可を経て、翌44年から本格的な調査に動き出す。明治政府から派遣された当時随一の自動車通であった大倉喜七郎男爵（大倉組2代目総帥）がイギリス・ドイツ・イタリアの各国まで赴き、調査にあたった。大倉は、明治44年3月に思わぬ失態を演じる。スウェーデンにある自動車オーナー倶楽部あてに「日本国宮廷用として自動車を購入するにあたり、貴国の自動車事情を教えてほしい」と書簡を差し出した。しかし「瑞典（スウェーデン）」と書くべきところを「諾威（ノルウェー）」と書き間違えたことから大問題に発展。駐在の日本大使は「（大倉が）書面を発送することは筋違いであり、国名を間違えるとはその国の感情を傷つけることは免れない、他国にも同様の発送をしていると思われ……」などと怒りを露わにしたという。この事実を知った大倉は、宮内省あてに「始末書」を提出し、大臣次官から「今後要注意」と諫（いさ）められた。この後、大倉は自動車設計書（仕様書）を宮内省調度寮あてに差し出す。この時点で大倉によって購入車種が早くも絞られていた。宮内省はこれを受け、機密事項として東京帝国大学総長（濱尾新）に対し「自動車仕様書調査（発注時における注文書の内容精査）」を依頼する。

車種は、英国コベントリー・ダイムラー會社製造「ダイムラー」、独逸「ダイムラー」自動車會社製造「マーシデス（原文のまま）」の2車種であった。同大からの報告書は「仕様書に記載された自動車製造者（英国）は世に知れた企業であるが、不十分な仕様書である」と酷評。もちろん、これらの選定作業には有栖川宮威仁親王へ自動車仕様書を送付し、ご意見を伺っている。最終的に御料車は「マーセデース」、貴賓車が「デームラー（原文のまま）」として発注された。宮内省は大倉喜七郎を、英国へ注文の「自動車製作監督」のため欧州へ差遣する。大倉は現地視察ののち、宮内省の許可を得た上で御料車を「マーセデース」から「デームラー（原文のまま）」に変更した。

歴代の御料車は、誕生から105年で15車種、49台

御料自動車が初めて皇室に導入されたのは、検討から3年の歳月を費やした大正2年3月。御料車として「ダイムラー」2台、貴賓車として「メルセデス」1台、臣下車として「ダイムラー」1台、「フィヤット」2台、「マセデス」1台の計7台が輸入された。購入や輸入に関する手続き業務は大倉組倫敦（ロンドン）支店が行った。

デムラーが御料車に採用された時代背景には、当時すでに自動車を導入していたイギリス王室の影響も大きかったといわれる。天皇の公式御列は馬車とされ、これを「鹵簿（ろぼ）」と呼んだ。これに対して自動車御列は「略式鹵簿」と呼ばれた。御料車として歴代で登録された車種は、初代：英国デムラー1912年→英国ロールスロイス1920年→英国デムラー1920・1921・1923年→独逸メルセデスベンツ（赤ベンツ）1932・1935年→米国キャデラック1950年→英国デムラー1953年→英国ロールスロイス1957年→英国ロールスロイス1961・1963年→日本プリンスロイヤル1967〜1970年→日本キャラバン1987年→日本プレジデント1989・1991年→日本センチュリー1989年〜→英国ロールスロイス1990年→日本シビリアン1992年→日本センチュリーロイヤル2006〜2008年の15車種、累計49両にもなる。初めてのドイツ車となった赤ベンツ導入は、イギリスとの同盟関係が失われていた時期に関係する。

上からアメリカパッカード特別車（1937［昭和12］）、ロールスロイス・シルバーレイス（1957［昭和32］）、ロールスロイス・ファンタムV（1963［昭和38］）、同（1961［昭和36］）。これらは保存用参考品として車馬課車庫で保管される。

御料自動車の整備点検から運行までを担う車馬課自動車班

宮内庁の自動車を管理する組織は、大正2年の自動車導入以後から戦前までは主馬寮に属し、戦後は主馬寮自動車課→主殿寮（とのもりょう）車馬課→主殿寮業務課と変遷し、昭和41年に現在の管理部車馬課となった。車庫は皇居内にあり、車検が行える指定整備工場と燃料給油所を併設している。

歴代の御料車・特別車のうち、赤ベンツ2台（1932・1935年）、米国パッカード1台（1937年）、英国デムラー1台（1935年）英国ロールスロイス3台（1957・1961・1963年）の計7台が「保存用参考品」として、「プリンスロイヤル」5両が一時抹消登録車（保存用参考品）として、共に車庫内で保管されている。※「プリンスロイヤル」のうち1両は、昭和天皇記念館へ展示貸出中。

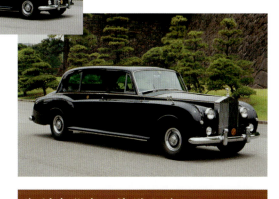

▲大正期の主馬寮自動車車庫。

◀現在、御料車をはじめ、皇太子ご一家や宮家の特別車を含めて52両が在籍する。このほかに、供奉車や庁用車、運搬車、作業車等宮内庁の自動車を全て管理している。上写真の車庫は、大正時代に使われていた車庫で、現存していない。

❖御料自動車　昭和生まれの国産御料車

大正2年以来、歴代御料車はすべて外国車であった。
昭和40年代に入ると「御料車は国産で」という機運が高まり、
そして41年にわたり御料車の座に君臨し続けた名車が誕生する。

**気品の高い、広く全国民の親しめる、
御料車として最も格調高いものとする。**

「プリンスロイヤル」御料車

日本の御料車を確固たるものとした「プリンスロイヤル」

大正2年の誕生以来、御料車といえばダイムラー、ロールスロイス、ベンツ、キャデラックといった外国車ばかりであった。しかし、昭和40年代になると「御料車は国産で」という機運が高まっていく。

御料車の国産化は、昭和天皇のご意向でもあったという。そこで宮内庁から「御料車製作」の依頼を受けた自動車工業会は、天皇陛下（当時は皇太子殿下）に自動車を献上していたことで皇室との関係も深かった「プリンス自動車工業（後に日産自動車と合併）」で製作することを決定した。

開発は、昭和天皇のお気持ちに沿うべきとの考えから、「外観は親しみやすく、内装・装備は華美を避けできるだけ簡素に」をコンセプトに、「安全で確実に走行できる車」として昭和40年9月から始まった。翌年の7月には試作車が完成する。テスト走行が開始され、同年10月の第13回東京モーターショーに出品・展示された。当時、皇太子であった天皇陛下も会場を訪れ、御覧になった。以後、御料車として昭和から平成へと活躍を続ける。平成16年になると日産自動車から老朽化を理由に段階的に使用を中止するよう、宮内庁へ要請が出された。これを受けて次世代の御料車開発が始まった。

▲誕生から50年以上経った今も、御料車の風格は衰えを知らない。

平成18年から徐々に世代交代が進められ、「プリンスロイヤル」は活躍の場を狭めていく。そして平成20年に現役を退く。

昭和天皇は「プリンスロイヤル」御料車をこよなく愛したといわれる。日本各地で行われる全国植樹祭や国民体育大会等の公式行事をはじめ、御静養や大相撲御覧といった私的行事に至るまでご愛用になった。当初は外国車の御料車を併用することも多々見られたが、昭和50年代になるとそのほとんどが「プリンスロイヤル」へと切り替わっていく。

延べ7台（試作車を除く）が製作され、そのうち最後まで現役でいたのは、宮内庁に納車された第2号御料車だった。

現役当時は週に一度、「ロイヤルサービス」と呼ばれる日産の整備担当者が宮内庁へ出向き、こまやかなメンテナンスを行っていたそうだ。誕生から41年にわたり「御料車の座に君臨」した記録は、今後も破られることはないであろう。

▲国賓御接遇お車列の時だけ2台が連なって走る姿が見られた。

▼41年にわたり御料車の座に君臨したプリンスロイヤル御料車。

御料自動車

▲紀宮殿下のご結婚式では一躍注目の的となった（H17年11月15日）。

▲トヨタの高級セダン・セルシオとの車格の違いは一目瞭然。

プリンス自動車工業が受注開発 納車時は日産自動車として7台

宮内庁から自動車工業会を経て、「国産の御料車」製作を受注し開発したプリンス自動車工業。社名の「プリンス」は、昭和34年の天皇陛下（当時は皇太子殿下）の御成婚を記念して命名し、献上した自動車「プリンスグロリア」に由来する。昭和41年に日産自動車と合併したことから、納車時の車名は日産「プリンスロイヤル」となる。昭和42年から47年までの間に7台が製作・納車され、宮内庁に御料車として5台、外務省には貴賓車として2台が納車された。御料車は、それまで使用していた赤ベンツ3台やキャデラック1台、ダイムラー1台の代替用として、貴賓車は1970年の大阪万博で来日する外国賓客用として納められた。宮内庁へは昭和42年に2台、43・44・47年に各1台が納車され、うち2台が防弾仕様車だった。価格は年式や個体差により1000〜2280万円だった。

外務省へは昭和45年に2台納車された。もちろん菊華御紋章はなく、車体に車名のロゴを入れて御料車と区別した。基本的なスペックは同等とされ、この2両は防弾仕様車として製作された。

平成の時代は、皇室の儀式や国家的公式行事での使用に限定

平成に入ると天皇陛下のお考えから、昭和の時代とは異なる使用基準が定められた。「プリンスロイヤル」は大型のリムジン御料車であり、車体の大きさも通常の御料車の1.5倍程度と大きい。そのため「特別な装い感」が強く、国民との隔たりを生むのではないかとのことから、日常のご公務で使用することを取りやめられた。

使用機会は、国会開会式や全国戦没者追悼式等の国家行事や、皇室の重要儀式に限るようになった。皇室の儀式では、皇居内での重要祭祀のほか、伊勢神宮御親謁や昭和天皇の十年式年祭、皇族祭祀（霊代奉遷の儀）でも使用された。両陛下の御乗用以外には、平成3年の皇太子殿下立太子礼、平成2年の秋篠宮同妃両殿下御結婚、平成17年の紀宮清子内親王殿下（黒田清子さん）ご結婚のほか、国賓の送迎用としての差し回しや実務訪問賓客の皇居参内への差し回し、信任状捧呈式での新任大使への差し回し等にも使用された。

▲立太子礼では皇太子旗が立てられた（H3年2月23日）。

▼天皇旗を立てるのは公式行事の証（H17年8月15日）。

▶秋篠宮殿下の御結婚式では親王旗が立てられた（H2年6月29日）。

❖ 御料自動車

プリンスロイヤル御料車は、外務省の貴賓車としても納車された。

▲外務省へ貴賓車として納車された「プリンスロイヤル」。見た目は御料車モデルと大きな差異はない。2台のうち1台は、昭和62年まで活躍した。▶「プリンスロイヤル」の客室部。古くは馬車のリムジン様式を踏襲。運転席と客室の間に仕切り（パーティション）を設け、シートは運転席は革張り、客席は高級ウール地としている。御同乗（陪乗）申し上げる侍従や女官が座る折り畳み式の補助席（ジャンプシート）が客室内に左右2席設けられている。

▼原宿駅を出発する昭和天皇・香淳皇后のお車列。

スケールは普通乗用車の1.5倍 ロールスロイスよりも大きかった

全長6.155（4.91）m、全幅2.1（1.8）m、高さ1.77（1.455）m、重さ3.2（1.9）トン（防弾仕様車は3.66トン）。カッコ内の数値は、現行のトヨタ・クラウンの数値であり、プリンスロイヤルの大きさの違いは歴然としている。

防弾仕様車（宮内庁に2台、外務省に2台）は、車体鋼板の厚みを1mmから2mmにするなど、要人が乗るに相応しい構造としていた。ボディ形成は、すべてハンドメイドで木型に鉄板をあて、たたき出す方法で作られた。エンジンは新設計のものを採用。出力は公表されぬままだが、この重量と大きな車体ながら0→400mの急加速で20秒を切るといわれるスペックを誇った。パレード等の低速走行を想定した時速10km/hでも2時間安定走行できる性能を兼ね備えていた。外務省に納められた2台は、共に品川ナンバーで登録された。購入価格は1台2964万8000円であった。昭和44・45年度に1台ずつ納車され、東京と大阪で賓客輸送に使用された。万博終了後、1台は外務省貴賓車として昭和62年まで在籍。もう1台は、昭和46年12月に抹消登録されたのち日産に引き取られた。その後、昭和53年3月に宮内庁へ譲渡され、第11号御料車として復活している。この時に代替廃車となったのが、昭和42年に宮内庁へ納車された第1号車であった。第1号車は後年、部品取り用となった。

外務省に最後まで残った1台も、昭和62年の退役後は外務省の車庫で平成5年まで保管され、その後、宮内庁を介して日産自動車の手に渡り大切に動態保存されている。「プリンスロイヤル」の引退が決まり、後継の「センチュリーロイヤル」との世代交代が始まった平成19年。ひとつの車列に2台の異なるロイヤルが編成されるという最初で最後の貴重な機会が実現した。国賓夫妻を両陛下が埼玉県へご案内した時であった。東京でのお列を組む際、5台ある「プリンスロイヤル」のうちの1台の調子が悪く、お車列には使用できなくなった。そこで後継の「センチュリーロイヤル」が使用されたことによるものだった。（P20、P62参照）

御料車には、車検も重量税もナンバーもあります

御料車は、一般車と同じナンバープレートの位置に「菊華御紋章」が取り付けられている。これをナンバープレートだと勘違いする人も多い。御料車用のナンバープレートは、御紋章とは別の位置に取り付けられており、通称「皇ナンバー」と呼ばれ、道路運送車両法施行規則第11条第2項により定められている。

御料車とはいえナンバーがある以上、一般の自動車と同様に「車検」の対象となる。皇ナンバーは、正しくは「皇室用ナンバープレート」といい、直径10cmの銀メッキを施した円形プレートに「皇」の文字と算用数字を縦に配列。ちなみに、その文字と数字は浮き出るように加工されている。現在登録されているナンバーは、皇1～3・5・7～9（平成30年12月現在）。自動車税は非課税となるが、自動車重量税は宮内庁により納められている。皇ナンバーは鋳物製で、その鋳型は宮内庁が保有している。御料車が新製される都度、新しいものが製作され、取り付けられている。また、クルマを解体処分する際に発生するリサイクル料金についても、宮内庁により納められている。このため引き取り業者が処分車を中古車として再販する場合、すでに納められているリサイクル料金を宮内庁へ返納することになっている。

▲「プリンスロイヤル」の特徴の一つに、車体表面に給油口がないことが挙げられる。どこにあるかといえば、トランクの内部に隠されている。意匠的なものなのか、構造上必要なものなのかはわからない。タンク容量は98L。テールランプは、硝子面が白く、点灯すると赤くなるアメリカ・キャデラック式が取り入れられた。タイヤのサイズは、255/80R15と大きい。

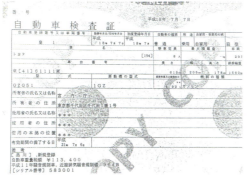

▶皇1センチュリーロイヤルの車検証の写し。

▲馬車に代わり信任状お列で使用されるプリンスロイヤル御料車。

「プリンスロイヤル」の車台番号と菊華御紋章の製作仕様

車台番号は、一般車と同じように打刻されている。付与番号は、「プリンスロイヤル」の型式である「A70」から始まる番号になっている。宮内庁に納められた第1号車は、「A70-000001」で、末尾4番は欠番になっている。宮内庁に納められたのが、末尾1・2・3・7・8で、外務省に納められた2台は末尾が5と6になっている。菊華御紋章は、前後面のナンバープレート位置と後部座席ドアの計4カ所に取り付けられる。ナンバー位置のもの（大）は直径11cmで、ドア部のもの（小）が7cm。共に真鍮鋳物製で、漆塗り・研磨のあと、大は金箔押し、小は金粉蒔きを施し、仕上げにザポンエナメルを塗装してある。

❖ 御料自動車 オープンカー御料車

戦前より御料車のオープンカーは存在していた。
印象的なシーンは、昭和天皇による戦後の全国御巡幸であろう。
運転席は屋根付き、後部座席がオープントップのランドーレットであった。

馬車のスタイルがそのまま自動車に引き継がれ、平成の祝賀パレードに煌びやかに華を添えた。

▲皇居宮殿南車寄を出発する祝賀御列の儀（H2年11月12日）。

ロールスロイス御料車

大正時代から導入 ～歴史とその背景～

大正2年に初めて皇室へイギリス・デムラー御料車が2台導入され、そのうちの1台はランドーレットと呼ばれるオープントップの自動車であった。

ランドーレットは馬車のスタイルをそのまま自動車に移行したもので、当時の車種の選定にあたった有栖川宮威仁親王殿下や、自動車通と称された大倉財閥の大倉喜七郎は、オープントップで使用することができた馬車を意識して導入したのではないだろうか。

ランドーレットタイプの自動車は、御料車に限らず、皇族方が乗られる貴賓車や臣下車にも採用された。大正期のランドーレットは、英国：御料車デムラー（1912年式）、独国：貴賓車マーセデス（1912年式）、米国：貴賓車ピアスアロー（ツーリング／1919年式）、英国：貴賓車デムラー（1920年式）、英国：貴賓車ロールスロイス（ツーリング／1921年式）があった。同時期の臣下車の方が、むしろランドーレットが多かった。

大正から昭和前期は天皇のご移動に際して、御料馬車をオープントップで使うことは多々見られた。それに対して御料自動車の記録はほとんど残っていないため、確認できる事例はごく僅かしかない。

昭和7年以後になると、戦下における要人警護の観点から装甲（防弾）仕様の御料馬車や御料自動車（赤ベンツ）2台が登場しており、オープントップが使用されることはなくなっていく。

戦後御巡幸から現在に至るまで、3種類4台しか存在しない

戦後の御巡幸には、複数あるうち、昭和11年製のアメリカ製パッカード（スーパーエイト）特別車1台と、赤ベンツ御料車をランドーレットに改造した2台が使用された。アメリカ製パッカードは、現在でも宮内庁の車庫に保存されているが、赤ベンツを改造した1935（昭和10）年式の2台は、事後部品取り用になり、その後解体されたため現存しない。

特異な例として、大正13年にデムラー貴賓車（1920［大正9］年式）の屋根の一部を開閉できるように改造して御料車と改めたものがある。これは、御歩行に介助が必要だった当時の大正天皇のために、御乗降の際にお立ちになったままでお座席にご移動できるように配慮したものだった。

戦後以降は、平成の御即位や御成婚で使用されたイギリス製ロールスロイス（コーニッシュIII）まで、登場することはなかった。

平成の世に華々しくデビュー イギリス製オープンカー御料車

当時の総理府が国事行為として行った平成の御大礼の「祝賀パレード」に使用するために「国費」で購入。車種の選定についての経緯は、明らかにされていない。

当時、パレードは馬車を使用することも検討されたが、警備上の理由から自動車を使用することになった。

儀式の終了に伴い、総理府から宮内庁へ財産所有権が移され、移籍価格は4000万1810円であった。ナンバーは総理府時代から皇室用の「皇10」を掲げ、「第10号御料車」を名乗っていた。

生涯の使用実績は、その使途が限られていたため、平成5年の皇太子同妃両殿下御成婚パレードと合わせてわずか2回であった。

このほかに関連行事として3度公開展示されただけという、過去30年間で計5回しかお目にかかれなかった貴重な御料車であった。

▶皇居内を行く皇太子同妃両殿下のご成婚パレード御車列（H5年6月9日）。

〈ロールスロイス・コーニッシュIII〉
初度登録：平成2年9月25日、型式：E-RD、車台番号：SCAZD02A4MCH30350、原動機型式：L410I、排気量6747cc、車体形状：幌型、定員4人、長さ5.2m、幅1.86m、高さ1.52m、車両重量2.33トン、車両総重量2.55トン。納車も登録日と同日、秘密裏に行われ、キャリアカーでコーンズから直接、皇居内の車庫へ搬入された。走行キロ数は、平成19年3月29日の一時抹消登録となるまで4,135km。平均燃費はリッター3km。現在は、「保存用参考品」として過去に在籍した3台のロールスロイスと共に宮内庁の車庫で保管されている。

❖ 御料自動車 セダン御料車と東宮特別車

セダン御料車は、国民との隔たりを生まないようにとのご配慮から、
セダン特別車は、公私の別をつけたいとのご意向から導入された。
国家行事＝リムジン、公式行事＝セダン、私的行事＝セダンと、3種類のクルマを使い分ける。

御即位当時、皇太子時代にお使いの自動車を、そのまま両陛下の日常ご公務でご使用に。

御料車・特別車（プレジデント、センチュリー）

プリンス自動車の流れを汲むプレジデント御料車

平成元年の御即位当時、昭和天皇から引き継がれた御料車は、大型リムジン御料車「プリンスロイヤル」4台であった。天皇陛下は、皇太子時代から大型の御料車は「特別な装い感」が強く、日常での使用は好まれないのではないか、と疑問視する声もあった。

御即位後は、皇太子時代の専用車である「品川ナンバー」の日産・プレジデントと、トヨタ・センチュリー（共に1983［昭和58］年式）を、引き続き日常のご公務用としてご使用になった。御即位の2ヵ月後には、皇室用ナンバーを付けたセダンタイプの御料車（プレジデント250型）が導入されるに至った。

それ以後、もう1台のセダン御料車が導入されるまでは、品川ナンバーのプレジデントが継続して使用された。この使用にあたっては「菊華御紋章」が前面のナンバープレート上部に取り付けられた。

平成3年になると、皇室用ナンバーを付けたセダン御料車は2台体制となった。共に車種はプレジデントであったが、角張ったデザインの1989（平成元）年式250型と、丸みを帯びた1991（平成3）年式JG50型という異なるデザインであった。

自動車好きで知られた天皇陛下は、平成3年に導入されたプレジデント御料車のお列について、次のように仰せになったと伝え聞く。「プレジデント御料車のデザインが丸みを帯びているのに対し、お列に追従する供奉車（ぐぶしゃ）が旧型プレジデントで車高が高く角張ったデザインなのは、お列の見た目がよろしくない」。この後、このセダン御料車は同型の供奉車が登場するまで使用を控えた。

セダン御料車は、同名の市販車をベースに製作されており、車体にロゴがないことやコラムシフト、前席ベンチシート、特注のシート生地、防弾硝子以外の大きな違いはない。

プレジデント御料車は、平成8年と15年にそれぞれ引退し、後継車種の導入も行われていないことから、日産の御料車は存在しない。

「皇9」のナンバーで登録され、第9号御料車を名乗っていた日産プレジデント御料車（1991［平成3］年式）。型式：E-JHG50、車台番号：JHG50-000148、乗車定員6人（前席ベンチシート・コラムシフト）、平成3年3月登録、平成15年8月一時抹消登録、生涯走行距離7,265km、価格：1116万8240円

御料自動車

セダン御料車の代名詞
センチュリー御料車・特別車

▲お列のお道筋に自衛隊駐屯地等がある場合は、隊員が整列し奉迎する。

導入の経緯はプレジデント御料車に同じく、平成年度から御料車に加わったトヨタ・センチュリー。それまでは、皇太子殿下の専用車（東宮特別車）や侍従長、女官長等お付の方が乗る供奉車としての使用実績はあった。

御料車として平成元年12月に導入され、第12号御料車を名乗った。第1号はプレジデント、第2号以降はプリンスロイヤルや皇太后様の御料車が登録されていたため、当時の末番号の第12号となった。車両は、同名の市販車をベースに宮内庁が指定する特別架装が施されている。外見上は市販車と大差はないが、細部に変更点が見られる。菊華御紋章が前後両面のナンバープレート位置と、左右後部ドアに掲出される。御紋章の大きさは、プリンスロイヤル御料車に準ずる。

車体のロゴやマークは、フロントグリルやアルミホイール部を除いては取り付けられない。ボンネットには旗竿取付台座が装着されており、必要に応じて天皇旗や皇后旗を立てる。

内装は、前後席とも特製生地張りのベージュ色シートで、前席は3人乗り（ベンチシート）、後部席にはフットレストや水筒用受台等が装備され、通常前席背面にあるグリップは、縦位置に変更されている。平成17年以降は、ETC車載器も装備された。これはご公務外となる回送時の料金精算に使用される。

現在ではプレジデントの退役などもあり、セダン御料車の代名詞とも言うべき存在となった。

▲センチュリー御料車の後部座席。特注仕様のフットレスト、水筒用受台、縦グリップが確認できる。

▲御料車に何らかのトラブルがあった場合には、随従する品川ナンバーの供奉車が代役を務める。

「皇1」のナンバーで登録され、第1号御料車を名乗っていたトヨタ・センチュリー御料車（1996［平成6］年式）。型式：E-VG45、車台番号：VG45-004153、乗車定員6人（前席ベンチシート・コラムシフト）、平成8年3月登録、平成18年2月一時抹消登録、生涯走行距離29,175km、価格：989万2120円

御料自動車

私的なお出ましは品川ナンバーで、時には供奉バスへも御乗用に

両陛下がお召になる御料車とは別に、「私的なお出ましの際」にご使用になるセンチュリーがある。これは特別車と呼ばれるもので、公私の別をはっきりさせたいという天皇陛下のご意向により平成元年から導入された。特別車でのお出ましは、御用邸での御静養や私的な外出（御旅行・御覧・御訪問等）に限られるが、皇居内での移動にも公式的な行事を除き特別車が使用される。昭和天皇も那須御用邸内でのご散策に、日産パトロールやトヨタ・ランドクルーザー、島嶼部等の地方ご訪問では日産キャラバン（いずれも品川ナンバー）をご使用になっていた。

両陛下用の特別車は、品川ナンバーで3台あり、菊華御紋章は掲出されない。内装は、後部席にサイドカーテンが装備される。それ以外はセダン御料車と同じ仕様になっている。過去に、離島ご訪問が重なり、2度ほど皇ナンバーを付けて御料車に「化けた」特別車がある。第14号御料車（皇14）として一時的に登録したものであった。この時はセンチュリー御料車が2台しかなく、後年は1台増の3台体制となった。また、時としてお列を簡素化する場合には、供奉バス（マイクロバス）を用いることもある。この場合、供奉バスは「御料バス」と呼ばれる。

▲私的な行事では品川ナンバーの特別車をご利用。

▲供奉バスは、両陛下が御乗用になると「御料バス」と呼ばれる。

▲地方色豊かな風景の中を行くセンチュリー御料車。

販売した事実を宣伝等に利用することを禁じている

御料車や特別車は、宮内庁の仕様に基づいた「特別架装」を施すことが条件となる。この条件に対応できる車種は限られ、競争原理が働かないという理由から競争入札ではなく、現状はトヨタ自動車との随意契約により購入している。購入費は、宮内庁の予算である「宮廷費」が充てられる。「特別架装」等特定の条件が課せられない場合は、一般競争入札によって自動車メーカーが選定される。代替廃車されるクルマは下取り車として応札した自動車メーカーに引き渡される。御料車や特別車は、機密保持のため「解体処分」され、「解体証明書」を宮内庁に提出しなければならない。

▲空港内で特別機に横付けされるセンチュリー御料車。

▲全国どこへでも出張し両陛下に仕える。

東宮とは皇太子殿下の称で、東宮特別車とは皇太子同妃両殿下、
敬宮愛子内親王殿下が御乗用になる自動車の総称。

東宮特別車

 **私的なお出ましにはクラウン特別車。
愛子さまの特別車はミニバン4WD車。**

東宮用センチュリー特別車は、両陛下の特別車と同等仕様

東宮（皇太子ご一家）の特別車は、センチュリー2台とクラウン1台、それに敬宮愛子内親王殿下用にトヨタ・アルファード（4WD）がある。

センチュリー特別車は、両陛下がご使用になる特別車と同じ仕様になっており、地方ご公務を含めた公式行事で使用されている。

ナンバーは、皇室用ナンバーではなく、品川ナンバーで登録されている。菊華御紋章の掲出はなく、旗竿取付台座のみが装着されている。7大行啓と呼ばれる公式行事の場合には、皇太子旗を立てる。この皇太子旗を都内の行事で見ることは少ない。皇太子妃旗については、掲出されたことは残念ながら確認できていない。

クラウン特別車は、私的な行事、アルファードは愛子さまのご通学やご一家の御静養等に使用される。アルファードが4WDなのは、冬の御静養先での使用を見込まれているためである。

ご一家で御静養へお出かけの際には、多目的用途の庁用車（キャラバン特別車）をご使用になることもある。また、両殿下が京都でご公務をされる場合には、宮内庁京都事務所の特別車（本庁の供奉車の転用車）が使用されたこともあった。両殿下用のセンチュリー特別車は、両陛下の御料車、特別車と同様に、宮内庁の仕様に基づいた「特別架装」を施すことが条件となる。このことから競争入札ではなく、現状はトヨタ自動車との随意契約により購入している。

購入費は、宮内庁の予算である「宮廷費」が充てられる。「特別架装」等特定の条件が課せられないアルファードについては、一般競争入札により自動車メーカーが選定された。

▲皇太子旗を立てる東宮特別車。外観は両陛下の特別車に同じ。

▲東宮お車列のセキュリティパッケージはコンパクトに集約される。

▶京都では、京都事務所の特別車をご使用になることも。過去には日産プレジデントを使用していたが、現在はトヨタ・センチュリーに交換されている。

❖御料自動車 次世代の大型リムジン御料車

国産初の御料車「プリンスロイヤル」の誕生から40年を経た平成18年、満を持して次世代のリムジン御料車「センチュリーロイヤル」が誕生する。昭和50年代半ばに、新型御料車製作の話もあったが、実現には至らなかった。

新型御料車開発に名乗りを上げたトヨタ自動車。開発コードネームは「大きなクルマ」とされた。

センチュリーロイヤル

昭和50年代にも計画されていた。導入までの経緯と納車台数とは

▲センチュリーロイヤルが地方へ出張する時は、伊勢神宮のほか、皇室の重要祭祀と国賓御接遇に限られる。

国産初の御料車「プリンスロイヤル」が引退を表明した翌年となる平成17年8月、宮内庁から新御料車製作の採用決定を受けたトヨタ自動車は、本格的な開発に動き出した。

それ以前の昭和50年代半ばにも、御料車開発の話が日産自動車から宮内庁へ打診されたことがあった。この頃は「プリンスロイヤル」の第1号車が早々と退役したこともあったので、様々な動きがあったのかも知れない。しかし実際には、国の財政が不安定な時期であったことから、この話は見送られたのだろう。

時は流れ平成18年7月、新型リムジン御料車「センチュリーロイヤル」が、トヨタ自動車から誕生した。当初の製作台数は5台とされていたが、国の財政事情を考慮し1台減の4台が製作された。内訳は標準車1台、特装仕様車（防弾仕様）2台、寝台車（病患輸送車）1台である。価格は、標準車5250万円、特装車9450万円、寝台車6300万円で、4台の合計は3億450万円であった。平成18年7月7日に1台目（第1号車／皇1）が登録され、以降、平成19年9月14日に2台目（第2号車／皇3）、平成20年3月11日に3台目（第3号車／皇5）、平成20年9月29日に4台目（第5号車※4は欠番／皇2）という順で納車された。

第1号車の売買契約日は、平成18年4月24日で、納入期限は同年9月29日であった。契約書には、「製造・納入の一切の事実を宣伝広告等に利用してはならない」という一文が記載されている。

▲後部客室は、運転席と客室の間に仕切り（パーティション）を設け、シートに高級毛織物（運転席は革張り）、天井は和紙、随所に天然木、乗降ステップには御影石が使用されている。

◀ センチュリーロイヤルによる国賓御接遇は、迎賓館との組み合わせが美しい。

御料自動車

開発ネームは「大きなクルマ」先代の御料車よりも大きな車体であった

セダン御料車として採用されている市販車「センチュリー」(GZG50型)をベースに、新たに開発された大型リムジン御料車。開発上のコードネームは「大きなクルマ」であった。センチュリーをベースに開発したといわれるが、車体は一回り以上大きく、旧来の御料車「プリンスロイヤル」や「ロールスロイス・ファンタムV」を手本に取り入れている。

型式は、GZG51-GEWHKといい、特装仕様は末尾がBK、寝台車はGZG52で始まる。大きさを市販車(GZG50型〈 〉寸法)と比較すると、全長6,150mm(※車検証記載の数値。宮内庁発表は6,155mm)〈5,270㎜〉、幅2,050mm〈1,890㎜〉、高さ1,780mm〈1,475㎜〉であり、プリンスロイヤルよりも若干であるが大きく造られた。

エンジンは、市販車と同じ1GZ(V型12気筒4.99L)を搭載する。車両重量2,930kg(特装3,710kg、寝台2,950kg)、車両総重量3,370kg(特装3,710kg、寝台3,170kg)。トランスミッションは6速オートマチック。乗車定員8人(寝台車4人)となっている。

特装仕様車は外見上での変化は見られず、その特装仕様の内容については明かされておらず、唯一重量が340kg重いことくらいしか解らない。燃費は、宮内庁の給油記録から見ると3km／L程度であるが、実際にはもう少し良いと思われる。

車台番号は職権打刻 車検と重量税は必須要件

車台番号は、「センチュリーロイヤル」には刻印が無く、その代わりに、「583001」で始まるシリアル番号がプレートで取り付けられている。このシリアルナンバーは自動車登録上に必要な車台番号と見なされないため、関東運輸局東京運輸支局の手で「職権打刻」される。第1号車の場合、「東[41]-61111東」という番号が刻印されている。道路運送車両法施行規則第11条第2項により定められた皇ナンバーで登録しており、御料車とはいえ車検の対象である。自動車税は非課税ではあるが、自動車重量税は宮内庁によって納められている。

和紙、天然木、御影石。車内の造りは、純和風

車内はリムジンの形式に則り、運転席と客席がパーティション(硝子)で仕切られる。このため、伝声管やインターホンといった通話装置が備わる。後部座席のドアは観音開きを採用。窓はお姿が拝見しやすいように一体型の大窓を備える。ルームランプは天井と一体を成す埋め込み型で、調光ができるようになっている。

シートは前席が本革、後部席が高級毛織物(ウール)地というリムジン形式で、共にベージュ色でまとめられている。後席には電動フットレストも装備される。肘掛け部には皇室の重要な儀式で使用する皇位の証である「剣璽(けんじ)」を安置するための脱着式台座が取り付けられるようになっている。このほか、ナビゲーションシステムやETC、サイドモニタとバックモニタも備えている。御紋章のサイズは、前後面のものが「プリンスロイヤル」より約1cm小さくなった。給油口は「プリンスロイヤル」がトランク内部であったのに対し、「センチュリーロイヤル」は一般車と同じように車体の後部左側に設置されている。外観では、御料車では初となるドアミラーを採用している。回送の際には、前後左右4箇所に掲出される菊華御紋章に革製、またはビニル製の黒いカバーをかけるのが通例。

▲国賓お車列では皇宮警察の黒バイ（サイドカー）が警衛にあたる。

陛下の国家や宮中行事をはじめ国賓御接遇、賓客送迎、信任状捧呈式でご使用。

❖ 御料自動車

計画台数4台
平成18年～20年に導入

▲沿道の奉迎者に向けてお手振りされる両陛下。

平成18年7月に第1号車（第1号御料車／皇1）が導入され、7月6日には両陛下も御覧になった。初めてのご使用は、同年9月28日に行われた第165臨時国会開会式であった。宮内庁からの事前発表では8月15日の全国戦没者追悼式で使用することになっていたが、見送られた。その後、第2号車が使用開始するまでは、両陛下ご公務9回、天皇陛下ご公務6回、宮中祭祀4回、宮中儀式2回、国賓御接遇1回（皇后陛下とスウェーデン王妃陛下御同乗）であった。

平成19年には、特装（防弾）仕様の2台が納車され、平成20年には残る1台も納車された。第2号車（第3号御料車／皇3）は、平成19年9月に納車。その後は使用する機会に恵まれず、20年4月に実務訪問賓客として来日したマーシャル諸島共和国大統領夫妻に対する、天皇陛下からの差し回しが最初となった。シリアル番号：583002、車台番号：東[41]71131東。

第3号車（第5号御料車／皇5）は、平成20年3月に納車。初使用は、国賓の中国国家主席の夫人車としての差し回しだった。シリアル番号：583003、車台番号：東[41]8144東。

第5号車は寝台車で、後述（P81～82）する。「4」という数字は縁起を担ぎ欠番となっている。

▲羽田空港VIPスポットに乗り入れて送迎にあたる。

▲武蔵陵墓地（八王子市）へは、皇居から中央自動車道経由で運行される。

使用開始から12年 様々な場面でエスコート

「センチュリーロイヤル」御料車が使用される機会は、皇室の重要行事や国家行事に限られる。皇室の重要行事は、皇居の中でそのほとんどが行われるため見ることは叶わない。

時として、両陛下の伊勢神宮ご訪問や、皇族方であれば御結婚になる女王殿下方への差し回し、薨去（こうきょ）された皇族方の御霊を宮中三殿皇霊殿にお移し（奉遷）する際の差し回しに使用されることもある。

国家行事では、国会開会式や全国戦没者追悼式、国賓御接遇、賓客送迎、信任状捧呈式で使用される。国会開会式と全国戦没者追悼式は、年次行事であるものの、国賓御接遇や実務訪問賓客へのご送迎は、都度決定されるものなので機会は限られる。

とくに国賓御接遇では、稀にリムジン御料車が2台同じお車列に編成されることがある。信任状捧呈式も、馬車を選択する新任大使がほとんどなので、雨天等でない限り見ることは難しい。

都内近郊以外でのご使用は、伊勢神宮御親謁等、皇室の重要儀式に限られる。国賓御接遇で、関東近県へ出向くこともあるが、それもまた稀なことで、5年に一度あるかないかである。昭和天皇が眠る武蔵陵墓地で使用されたのも、二十年式年祭の時だけであった。

▲遠方への出張の際は、トレーラーにより陸送される。

「センチュリーロイヤル」御料車の 知られざる！？ あれこれ

御料車とはいえ、自動車は自動車。納車時に附属される主なものを列記してみよう。取り扱い説明書（冊子）は存在しない。アルミホイールを装着したスタッドレスタイヤ5本。標準スペアタイヤもアルミホイール付き。客室のカーテンは、リヤ電動・サイド手動。ナビゲーションシステム、ETC、運転席・助手席のフロアマット、トランクには消火器を搭載。御紋章カバー（前後左右）、車体カバーも附属している。菊華御紋章の鋳型は関東自動車工業（現・トヨタ自動車東日本）で製作。菊華御紋章そのものは別業者が製作している。「センチュリーロイヤル」御料車は、燃費がリッター3〜5kmと言われる。燃料タンクも98Lであり、単純計算で走行距離は300〜500km。これまでも、国賓御接遇で関東近県の茨城県つくば市や、栃木県小山市で使用する際には、皇居から自力で回送している。

しかし、三重県の伊勢神宮や、静岡県静岡市で使用された際は、大型トレーラに積載して輸送された。この大型トレーラは、トヨタの系列会社が所有しており、車両輸送を請け負っている。セダン御料車（センチュリー）の場合は、このようにトレーラを使用して輸送することはなく、自走もしくはフェリーで航送される。昭和の時代は、鉄道による貨車輸送も行われていた。平成では、鉄道コンテナによる輸送が一回だけ行われた。

御料自動車

◀重要な皇室祭祀では、神武天皇陵まで出張することも。

❖ 御料自動車 天皇陛下の私用車

昭和29年3月、天皇陛下は品川自動車試験場で免許を取得された。
最初の愛車は、昭和29年6月に購入した「プリンス・セダン」。
現在の愛車は、マニュアル仕様の「ホンダ・インテグラ」4ドア車。

 **お持ちになったマイカーは、献上車を含め11台。
プリンス～日産自動車9台、トヨタ自動車1台、ホンダ技研工業1台。**

時には菊華御紋章を付けた
アメリカ車リンカーンでもドライブ

▲昭和29年7月、御静養先の軽井沢で宮内庁車リンカーンで
ドライブされる天皇陛下（皇太子時代）。

◀初のマイカー「プリンス・セダン」でドライブを楽しまれる天皇陛下。プリンスとはプリンス自動車工業のことで、零戦を生産した中島飛行機を母体の一部とする自動車メーカー。昭和41年に日産自動車と合併した。

▶2台目のマイカーとなった「プリンス・セダン（AISH-Ⅱ型）」。

◀昭和32年当時の愛車、「プリンス・スカイライン（ALSID-Ⅰ型）」。天皇陛下は、長らくプリンス自動車を愛用された。

皇室の自動車愛好家といえば、自動車の宮様といわれた有栖川宮威仁親王殿下や、大正天皇のお直宮である故高松宮と故三笠宮、秋篠宮殿下、そして天皇陛下がいらっしゃる。

故高松宮は、ご自身での運転もさることながら、長らく東京モーターショーの名誉総裁をお務めになった。故三笠宮は、スキーが載せられるように、今でいうスキーキャリアを特注され、ご自身の運転でお出かけになった。

秋篠宮殿下は、礼宮殿下の時代に黄色い「フォルクスワーゲン」をお買い求めになり、自らハンドルを握られ、両陛下や皇太子殿下をお乗せするなど、軽井沢や那須でのドライブを楽しまれたことがある。

皇室に自動車が導入された大正期以降、歴代の天皇として自らハンドルを握り運転されたのは、皇太子時代の天皇陛下が初めてのことである。天皇陛下が免許を取得されたのが、昭和29年3月。警視庁交通課から直接に教習を受け、品川自動車試験場で試験に合格された。現在も免許は維持されており、平成19年以降は、3年毎の高齢者講習を受講された。しかし、平成28年の免許更新時には、これを最後に免許更新はされないとしている。

初めてのマイカーは、プリンス自動車工業の「プリンス・セダン（AISH-Ⅰ型）」。以後も、「プリンス・スカイライン」や「グロリア」等9台のプリンス車を乗り継がれた。このほかにも初代「トヨペット・クラウン・デラックス」に乗られた記録もあり、皇太子時代には延べ10台をお持ちになった。

御料自動車

▶天皇陛下は平成28年の免許更新を最後にされることを明言されており、平成31年には自らの運転を行わないことになる。このインテグラの行く末も気になるところ。

プリンス自動車とのきっかけ 国産車需要拡大の後押しも

天皇陛下がプリンス自動車に乗られた理由は、昭和30年に当時の通商産業省が奨励した「国産自動車技術を前提とする国民車育成要綱案」に関係するといわれる。プリンス自動車と宮内庁の関係は、当時の東宮侍従の兄弟が、プリンス自動車の前身となる企業に勤めていたことや、社員の身内に宮内庁幹部がいたことなど諸説いわれている。プリンス自動車も当時は「たま自動車」という会社名であったが、皇太子殿下（当時）の立太子礼にちなんで「プリンス」と命名したとされる。

皇太子殿下の自動車購入と混同する向きもあるが、自動車の購入は社名変更（昭和27年）後の昭和29年6月のことである。こうした様々な背景が、のちの国産御料車「プリンスロイヤル」の導入へともつながっていく。

天皇陛下は現在、平成3年に購入された「ホンダ・インテグラRX」をご愛用になっている。驚くことに、AT車ではなくMT車である。品川ナンバーで登録され、自動車税や重量税といった税金も課税の対象にある（御料車は、自動車税は非課税で、重量税は課税の対象）。私有財産として購入しているため、宮内庁車馬課自動車班では一切のメンテナンスは行っていない。日常のメンテナンスから燃料費までをすべて御手元金（内廷費）で賄われる。メンテナンスはホンダ技研工業が行っている。

▲後部席には側衛と侍従が乗車し皇居内を移動される。

ご使用は皇居内に限り、公道へ出られることはない。運転される時は、助手席に皇后陛下、後部席に侍従や側衛（皇宮警察）が同乗する。過去には皇居内のテニスコートへ向かわれる途中、東御苑内で一般の来園者と窓越しに会話をされたこともあるそうだ。

運転は超がつくほど慎重になさるそうで、「（皇居内で）ゆっくり走る車を追い抜こうとしたら天皇陛下のお車だった」と冷や汗をかいた職員もいたそうである。

▲お写真は、皇居東御苑にあるテニスコートへ愛車インテグラでお出かけになる両陛下。

秋篠宮殿下は 陛下ゆずりの自動車愛好家

秋篠宮殿下が、礼宮殿下の時代からマイカーを所有されているのは有名である。御結婚前に紀子妃殿下を助手席にお乗せして、京急油壺マリンパーク（神奈川県）へドライブされたこともあった。

最初に黄色いフォルクスワーゲンを購入された時は、地下鉄に乗られ、ご熱心に中古車販売店をお訪ねになったことも。フォルクスワーゲンは2台乗り継がれ、その後はBMWや三菱デリカ等を「私有財産」としてお持ちになっている。これらのクルマで皇居を訪れたこともあるが、自ら運転はされていなかった。

❖ 御料自動車 皇族方の特別車

現在の宮家は、秋篠宮、常陸宮、三笠宮、高円宮の4家。
4家の「13台の特別車」は、宮内庁車馬課自動車班で管理されている。
特別車とは別に運搬車、このほか私有財産の自動車を所有する宮家もある。

御料車ではなく「特別車」と分類される。秋篠宮家は、個性的なラインナップだ。

4宮家13方が、セダンやミニバンを御乗用

4宮家の自動車は私有財産車を除き、すべてが宮内庁車馬課自動車班で管理されている。車種や台数は、その宮家のご家族構成に応じて選定される。

各宮家の構成は、秋篠宮文仁親王殿下、紀子妃殿下、悠仁親王殿下、眞子内親王殿下、佳子内親王殿下。常陸宮正仁親王殿下、華子妃殿下。三笠宮百合子妃殿下、寛仁親王妃信子殿下、彬子女王殿下、瑶子女王殿下。高円宮久子妃殿下、承子女王殿下と、4宮家13方がご在籍になる。

秋篠宮家には4台の特別車がある。三菱「ディグニティ」2台（平成12年式と平成26年式※26年式はハイブリッド）、日産「フーガ」1台、トヨタ「アルファード」1台の計4台で、このほかに内親王用に三菱「ギャラン・フォルティス」（特別車ではない）が2台ある。私有財産となる自動車については、BMWや三菱デリカ等数台を所有する。秋篠宮家は、宮家創設時からホンダ車や三菱車を選定されている。

常陸宮家は、トヨタ「センチュリー」1台、トヨタ「クラウン（ハイブリッド）」1台の計2台。三笠宮家は、「センチュリー」2台、「クラウン（ハイブリッド）」2台、「アルファード」1台の計5台。高円宮家は、「センチュリー」1台、「クラウン（ハイブリッド）」1台、「ノア」1台の計3台。このほかに、各宮家の連絡運搬車としてトヨタ「ノア」を使用されている（計4台※特別車外）。

以上の車種を、それぞれの宮家がご使用になっている。

▲秋篠宮家の三菱「ディグニティ（平成12年式）」は、総販売台数が59台という希少車種。日産「シーマ」のOEM供給を受けたハイブリッド車も特別車として登録される。

▲秋篠宮家の私的行事用として導入されたフーガ。内親王殿下方の皇居ご訪問等にも使用される。

▲高円宮家のクラウン特別車は女王殿下がお使いになる。同家のナンバーはサッカーワールドカップ開催年にちなんでいる。

御料自動車

▲「センチュリー」は黒または濃紺、それ以外の特別車は私的行事へのご利用を想定してか、白やグレー等の配色が多く見られる。上の写真は、高円宮家の特別車。
▼各宮家で連絡運搬車として使用されるトヨタ・ノア。

特別車は、品川ナンバー。自動車税、重量税は課税対象

特別車は、御料車とは異なり両陛下がご使用になるものも含めて品川ナンバーで登録される。宮内庁京都事務所にも1台、京都ナンバーで登録される「センチュリー」がある。これは時折おいでになる皇族方や勅使等の御乗用車として配置されている。

一般ナンバーと同じく自動車税、重量税共に課税の対象となる。高円宮家のナンバーは、故憲仁親王が長くサッカーに尽力されたこともあり、希望ナンバーにより日本サッカー界に由来する番号が当てられている。

▶悠仁親王殿下御誕生の際、愛育病院から退院される紀子妃殿下。

過去に存在した特別車にライフケア装備をした「センチュリー」

過去に存在した特別車には、ライフケア装備をした「センチュリー」も存在した。これは、車椅子でご生活をされていた故桂宮用として導入されたもので、後部座席(助手席後ろ)に回転式シートを設備し、リヤと後部ドア左右の窓にプライバシーフィルム(黒色フィルム)を貼り付けたものだった。こうしたフィルムを貼った皇室用の自動車は、この1台だけであった。

平成のはじめの頃には、故秩父宮勢津子妃の御乗用車として、昭和天皇がご使用になっていた日産「キャラバン」特別車を譲り受け、使用していたこともあった。車体色はオフホワイトで、後部のサイドドアがスライド式ではなく、ドアの大きさはそのままに観音開きに開閉するように改造されたものだった。

昭和40年代まで、車馬課の用語では「特別車」とは、霊柩車を意味するものであったが、昭和50年代に入り用語の使い方が改められた。

▲多摩陵を御参拝になる常陸宮両殿下とセンチュリー特別車。

▲三笠宮家は、黒色ではなく濃紺色を好まれる。

御料自動車 特殊用途自動車

「特殊用途自動車」とは、皇室の自動車のうち、
車椅子用御料車や寝台車（霊柩車）のことを指す。
昭和42年式、日産「グロリアバンDX（寝台車）」が最初に登録された。

昭和62年に車椅子用御料車が用意され、最初にご使用になったのは昭和天皇だった。
香淳皇后の御料車と、寝台車

奈良時代以降では、最長寿 香淳皇后の御体調と御料自動車

昭和52年、那須御用邸で腰を痛められ「老人性腰椎変形症」と発表された香淳皇后。以降、足腰の具合は快方に向かうことなく、ご公務を欠席されることが多くなった。そのようなご体調ではあったが、昭和天皇とお揃いで御旅行や御静養にお出かけになり、国民に元気なお姿を見せられていた。その際、おしどり夫婦であった昭和天皇と香淳皇后は、同じ御料車に御同乗して移動されることを常とされていた。

昭和62年7月に那須御用邸へ御静養に向かわれた際のことである。原宿宮廷ホームで御料自動車からお召列車へ乗り換える際に、香淳皇后がホームの乗降用スロープに座り込まれてしまいお召列車の出発が約4分遅れることがあった。それを受けて那須御用邸からお帰りとなる9月11日には、香淳皇后の御乗降に不自由をきたさないよう、御介添え役となる女官の数を増やすという配慮がされた。

同時に、御料自動車にも女官が御介添えのため隣席に御同乗申し上げることとなったため、この時から昭和天皇と香淳皇后は別々の御料自動車（プリンスロイヤル）で移動することとなる。香淳皇后のお座席には、特製の座椅子が取り付けられた。このことは当時の写真週刊誌にも取り上げられた。

昭和62年3月には、香淳皇后のために車椅子ごと御乗降ができる御料自動車、日産「キャラバン（チェアキャブ）」が導入された。この「チェアキャブ」御料車を最初にご使用になったのは昭和天皇で、同年9月に宮内庁病院にて「腸の通過障害を取り除く手術」を受けられた後のご退院時だった。

▲昭和62年3月に2台導入された日産「キャラバン（チェアキャブ）」御料車。

▲日産「シビリアン（チェアキャブ）」御料車。

▶プリンスロイヤルで特製の座椅子を使用されていたころの香淳皇后。

▲香淳皇后の葬列（霊轜お列）。「プリンスロイヤル」3台と、予備の寝台車（日産「キャラバン」）がお列に加わる。▼「プリンスロイヤル」寝台車は、第2号御料車として特殊用途自動車に分類される。昭和56年3月に寝台車へ改造されていた。

御料自動車

キャラバン御料車からシビリアン御料車へ

昭和天皇・香淳皇后は、昭和63年3月に須崎御用邸で御静養になったが、この時から香淳皇后は車椅子をご使用になり、「キャラバン（チェアキャブ）」御料車をご使用になった。昭和天皇は「プリンスロイヤル」御料車で移動された。

昭和64年1月に昭和天皇が崩御された後も「チェアキャブ」御料車は使用され、平成4年にはマイクロバス型の日産「シビリアン（チェアキャブ）」御料車が登場する。これにより香淳皇后のお車列も簡素化された。最後の御料自動車のご利用は、香淳皇后が崩御する2週間前の平成12年6月2日、日産「シビリアン（チェアキャブ）」御料車で葉山御用邸からお帰りになった時だった。

最初の寝台車は大正時代後期、「ピアスアロウ」改造の特別車

皇室の自動車に特別車（＝霊柩車）が登場したのは、大正後期。大正8年に購入したアメリカ車の「ピアスアロウ（ツーリング）」を改造したもので、写真が残されている。いつ使用したかという記録は見あたらず、大正11年に自動車を使用したことだけが記載されている。しかしこの時代は、御静養先などで薨去しても、「危篤」として自宅殿邸までお帰りになるのが常であった。このため、「病院型車室」と呼ばれた「寝台を備えた車体」を使用した例もある。昭和6年には、アメリカ車の「ピアスアロウ（1930［昭和5］年式）」を購入し、車体を日本自動車會社で載せ替えたものを新製した。この特別車は、昭和43年3月に第7号御料車であったイギリス「デムラー（1953［昭和28］年式）」を特別車に改造するまで現存していた。

昭和42年になると、特別車（＝霊柩車）の予備車として「寝台車」日産「グロリア・バンDX」が導入され、昭和52年まで存在した。昭和52年以降は、4台の日産「キャラバン」寝台車が導入され、現在は平成7年式と平成12年式の2台の「キャラバン・スーパーロング（ハイルーフ）」寝台車が在籍する。イギリス「デムラー」寝台車は、昭和58年に保存用参考品として保管され、現在に至る。

▲大正8年に購入、後年寝台車に改造されたピアスアロウ。

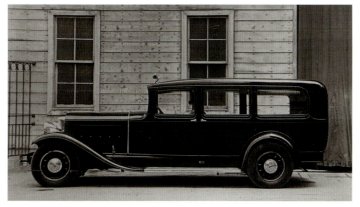

▲昭和6年に導入されたピアスアロウ寝台車。車体後部は日本自動車製。

❖ 御料自動車

昭和55年度に改造した「プリンスロイヤル」は、寝台車ではなく、寝台設備付き乗用車だった。

秘密裏に改造された「プリンスロイヤル」

昭和55年11月、「プリンスロイヤル（第2号車）」を霊柩車に改造することが密かに進められた。当時は香淳皇后の足腰が悪くなってきていたこともあり、寝台車（＝霊柩車）ではよろしくなかろうと、「寝台設備付きの乗用車」として車検証上は登録することになった。改造を請け負った日産自動車も「○○自動車」というような書き方で言葉を濁していた。

改造車は、これまで書籍や雑誌等では「外務省が所有していた『ロイヤル』を改造したもの」と書かれることが多かった。正しくは「当初（昭和42年7月）から宮内庁へ納車された第2号御料車を昭和55年11月17日〜同56年3月23日の間に日産大森工場（殿内工業：現トノックス）で改造したもの」であった。

この自動車の存在が公になったのは、昭和62年2月の故高松宮宣仁親王の御喪儀であった。当時の宮内庁は、自動車にするか馬車にするかで議論し、結果、交通渋滞を避けるという理由から自動車を使うことになった。

しかし、その自動車も民間から借り上げた霊柩車か、「プリンスロイヤル」の改造車を使用するかで話し合いが行われた。最終的には、高松宮邸から豊島岡墓地の葬場までを改造車、葬場から新宿区の斎場までを民間の霊柩車とすることに決まったのだが、決定までに実に6日もかかったという逸話が残されている。

平成20年には、現行の「センチュリーロイヤル」寝台車が登場し、「プリンスロイヤル」は引退している。

▲「センチュリーロイヤル」の寝台車は、平成20年に登場し、これまでに3度使用された。実質的に霊柩車であるが、車検証上は「患者輸送車」として登録。「プリンスロイヤル」寝台車は、当初の改造時と2度目の改造時では担架台の形状が異なる。▶香淳皇后の大喪儀の時の担架台と「案」と呼ばれる装具。

◀昭和55年度に改造された時の担架台と後部客室。

▼プリンスロイヤル寝台車の予備車として導入されたキャラバン寝台車。宮家の御喪儀では民間斎場への移御に使用される。

▲御喪儀当日、寝台車、予備車等関係車両が列を組み宮家へ向かう。

▲赤坂御用地を出発するセンチュリーロイヤル寝台車。

第4章

明治から平成にわたる
お召列車の車両と
運行の全貌をここに紐解く

お召列車

明治五年の鉄道開業とともに歴史を歩み始めたお召列車。その一四七年の歴史の中で天皇の御乗物である御料車は二五両(賢所乗御車、食堂車・展望車・貴賓車・特別車両を含む)が製造された。昭和天皇が御乗用になった昭和三五年製の第一号御料車は、平成一九年に次世代のお召電車(E655系)へと引き継がれ姿を消した。

❖ お召列車 その歴史と背景

明治5年、♪汽笛一声新橋を〜と唄われた我が国の鉄道開業。
「お召列車」の歴史はここから始まり、147年に渡りレールの上を走り続けてきた。
その昔であれば、知り得なかった煌びやかな列車の世界とはどんなものなのか。

「天皇皇后両陛下が御乗車になる列車」のことを指す皇室用語あるいは鉄道用語。

お召列車と御召(おめし)列車 呼び方の変遷

広く一般には報道等で耳にする「特別列車」という言い方が多用されており、あまり馴染みのない言葉かも知れない。

「おめし」の漢字は、戦前までは「御召」と表記されていた。戦後の昭和29年になると「御」は平仮名の「お」が汎用されるようになった。送り仮名の「し」は明治時代から続く「送り仮名の省略の慣用」により、これが踏襲されている。これが今日に至り、使用されている鉄道用語たる「お召」の由縁である。

公式な行事に際して運転されるのが「お召列車」で、御静養等の私的な行事の場合には「御乗用列車」と呼ばれる。

JRになる以前の国鉄(日本国有鉄道)の頃は、前者は公式お召、後者は非公式お召と呼んでいた。明治天皇が最初に御乗車になった時の記録には「御召列車」という語句は用いられず、単に「汽車」「汽車乗御」とだけ記されている。大和ことばに「御召(おめし)」という尊敬語がある。天皇の外出記録をまとめた文書を「幸啓録」といい、それを紐解くと明治5年に「御召艦」という言葉が登場する。馬車は「御料馬車」と呼ばれていた。この「御料」もまた天皇の御物という意味で、後述する専用の鉄道車両や自動車にも冠して使われる宮中ことばである。

明治8年4月に、英照皇太后が江ノ島・鎌倉へ御遊覧にお出かけの際に官営鉄道に御乗車になっているが、この時の幸啓録には「御料汽車」と記され、御召の文字はまだ登場しない。

はっきりとした時期は不明だが、明治中期以後「宮廷列車」、「御召列車」という言葉が登場する。

▲明治天皇が初めて鉄道に御乗車になったことを記した明治5年の記録文書「幸啓録」の中に、「御召」の文字は見当たらない。

▶明治天皇が乗車された列車の編成記録には、「ぎょくしゃ玉車(天皇が乗られる車両)」の文字が見られるが、御料車という文字はない。

▶明治8年の「英照皇太后」幸啓録に初めて「御料汽車」の文字が登場する。列車の編成も記され、記録上は御召列車に関する最古の公文書である。

いつから鉄道をご利用になっていたのか

歴代天皇の中で初めて鉄道をご利用になったのは明治天皇で、明治5年10月14日（旧暦9月12日）の日本で最初の鉄道開業式に出席された時だった――と思われがちだが、実はその2か月前となる旧暦の7月12日が初めてのことであったことはあまり知られていない。

この初めての鉄道ご利用は、明治天皇が九州御巡幸からの帰路、悪天候により船が東京港へ入港できず、急きょ横濱港へ着岸したため、横濱から鉄道でお帰りになった、というハプニングによるものだった。このとき、品川～横濱間は仮営業中であり、その後の開業式は旧暦9月9日を予定していたが、これまた悪天候のため旧暦9月12日（10月14日）に順延されたものだった。

▲明治天皇のために造られた最初の御料車は、明治10年にイギリスから輸入した部材で製作したものだった。これ以後、日本の伝統的な工芸技術を取り入れた御料車が次々と誕生していくことになる。

◀明治14年に明治天皇が北海道を行幸された際に、御乗用車となった「開拓使号」。当時は官営だった幌内鉄道（現在のJR函館本線の一部等）の手宮駅から札幌駅までを日没後に走った記録が残る。現在は、さいたま市にある鉄道博物館でその姿を見ることができる。

鉄道開業直後の御料車（玉車）は、イギリスからの輸入車だった

明治5年の鉄道開業直後、天皇が御乗車になっていた車両が具体的にどんな車両で何両あったのかなど、詳細な記録は残っていない。当時、イギリスから10両の上等車が輸入され、その中にサロン車と呼ばれた車両があり、これが明治天皇の玉車になったと考えられている。この車両（客車）は、室内が3つに区分されており、当時の記録に残る乗車割付には御同乗する者として鉄道にゆかりのある「岩倉具視」も名を連ねている。このほかにも、明治9年製と明治23年製の2両があり、そのうちの明治9年製が現存する初代の第1号御料車である。明治期に製造された御料車は、上記の3両のほかに5両があり、これら8両のうちの5両が保存や展示等により現存している。大宮の鉄道博物館に2両（展示）、愛知県の博物館明治村に2両（展示）、品川区のJR施設内にある御料車庫に1両（非公開）。このうちの非公開である明治31年製の初代第3号御料車は、大正天皇と貞明皇后の霊柩車として改造使用されたことのある御料車である。

▲大正4年11月に行われた「大正の即位礼」の御召列車。

◀日本で最初の鉄道開業式の模様を描いた当時の錦絵　東京汐留鉄道御開業祭礼図（三代広重／明治5年）

お召列車 昭和生まれの1号編成

天皇陛下は御即位後まもなく、「できるだけ一般の人と同じ手段で移動したい」と希望された。このことから平成初期は、御料車や貴賓車と呼ばれる「専用の車両」のご利用は見られなくなった。

お召列車の代名詞的存在であった1号編成。
昭和天皇の面影とともに、昭和、平成と活躍した。

菊華御紋章の直径は40cm　華やかな黄金調様式の御座所

昭和天皇・香淳皇后の時代は、どこへおいでになるにも専用の車両を用いたお召列車をご利用になっていた。昭和天皇は鉄道でのご移動を好んだと言われ、昭和63年歌会始の御製は、「国鉄の車にのりておほちちの明治のみ世をおもひみにけり」とお詠みになった。同年のお題は「車」であり、故高円宮憲仁親王も、「アプト式車輪の軋みなつかしき碓氷峠をのぼりゆく列車」とお詠みになるほど、皇室と鉄道のつながりは深い。第1号御料車は、それまでご使用の昭和7年製の旧第1号御料車が経年により見劣りしてきたため、その代替として国鉄が製造した唯一戦後生まれの御料車である。

戦前の御料車は、車体を漆塗りとしてきたが、初めてハイソリッドラッカー吹き付け塗装を採用。さらにワックスによる磨き出しを行うことで、美しい光色を放つ車体に仕上げた。平成の御代へと移り変わり、「専用の車両」を使用したお召列車は二度と走ることはないだろう……そんな見方が鉄道愛好者の間で定着していた。そのような流れの中、平成8年に思わぬ出来事が起きた。

▲1号編成に組み込まれた第1号御料車の御座所は、国賓御接遇に合わせて座席配置が変更された。このときは、両陛下とベルギー王室(国王、王妃、皇太子)が御乗車になった。

平成のお召列車復活劇　国賓御接遇と走る迎賓館

菊の御紋章を掲げた御料車を組み込んだ「1号編成」と呼ばれる"正調"お召列車。昭和天皇最後の地方行幸となった昭和62年5月に佐賀県で走って以来、姿を現していなかった。もう二度と目にすることはないだろうと、多くの鉄道ファンは思っていた。時は平成8年、国賓として来日したベルギー王国・アルベール2世国王陛下(当時)は、「日本のロイヤルトレイン(お召列車)に乗りたい」と希望された。これが「奇跡の復活劇」の始まりだった。国王は、鉄道愛好家だったと伝え聞く。昭和62年が最後となっていた1号編成の運転から9年が経過していたため、室内の経年劣化や水回りの不具合等も見られた。結果、内・外装にわたり大規模修繕を行うこととなり、牽引する専用機関車EF5861号機と1号編成は、JRの車両工場で入念な整備を受けた。1号編成は、晴れて「走る迎賓館」として新しい活躍の場を与えられるに至った。

▲御昇降口の観音開き戸は、第7号御料車からの伝統

▼正調お召列車「1号編成」の列車組成。(デジタル合成)

9年ぶりに奇跡の復活を遂げた1号編成によるお召列車。国賓御接遇のため、機関車前部に相手国の国旗と日章旗が掲出されたのも戦前以来(JR両毛線／H8年10月24日)。

▲第1号御料車の車内より御休憩室。2基ある金茶色のソファーは、ベッドにも換装できる。壁面は、霞浮出紋様の灰茶色絹蹄(石目)ビロード張りである。▶御座所から続く次室は、宮内庁幹部が控える部屋になる。回転椅子4脚は、紫茶無地の絹蹄ビロード、床面には薄茶色の緞通を使用している。▼御化粧室は、御化粧台(鏡)、小椅子、洗面台、洋服タンスを備える。椅子張地は、淡藍色に桜飛紋様の絹蹄ビロードを用いる。奥の扉の先が御厠になっている。

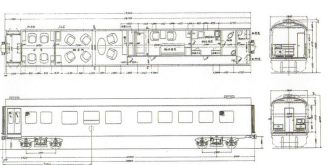

▲第1号御料車の車両形式図。昭和35年、国鉄大井工場で設計、製造された。JR化後は非公開とされているが、当時は室内の見取り図も公開されていた。

▼廊下は、御休憩室、御化粧室、御厠の裏側を通り抜けるように設置されている。床面には、薄茶色の緞通を用い、通路幅は66cmである。

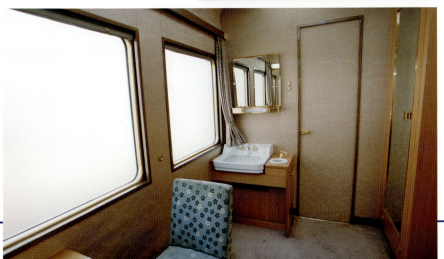

❖ お召列車 供奉車(ぐぶしゃ)

第1号御料車を中心に、古式ゆかしい編成美を組む供奉車。
供奉車とは、両陛下のお列に加わるお供の者が乗る車両で、
昭和6〜7年に製造された4両は、裏方として激動の昭和を見つめてきた。

専用の供奉車が誕生したのは、明治43年。
車体が濃緑色の時代には「青車」と呼ばれた。

1号編成を組成する お供の車両「供奉車」

御料車中心に前後に2両ずつ供奉車を連結した5両を1号編成と呼ぶ。荷物電源車(460号)、1等車(340号)、第1号御料車、供進所付き1等車(330号)、1・2等荷物車(461号)の順で組成される。供奉車の歴史は、明治のはじめ、玉車の前後に車両を連結し、お供の者を乗車させたことに始まる。この当時は、普段使用している客車の中から状態の良いものを選び使用していた。その後、明治43年になると専用の供奉車が登場する。大正8年には、車体色を濃緑色で統一したことから「青車」と呼ばれるようになった。

御料車の前後に連結される供奉車は、両陛下のお列に加わる随従員が乗車する。定員27人の回転座席と供進所(調理室)を備えた車両と、定員46人の回転座席とボックス席を備えた車両が連結される。現在は、冷房装置が搭載されているが、昭和35年以前にはなかった。

ちなみに、御料車に冷房装置が搭載されたのは、先代の旧第1号御料車からである。昭和30年に冷風装置、昭和33年に冷房装置が取り付けられた。それまでは扇風機のみだった。

両端に連結される供奉車は、JR(国鉄)が使用する事業用途になる。冷房装置等に使用する電気を供給するための発電機を積載した電源車と、御用物や備品を積む荷物車が前後に連結される。

▲平成8年の大修理後に報道公開されたときの1号編成(大井工場)。

▶1・2等荷物車(461号)車内の1等座席。宮内庁職員が主に使用した。扉の奥は、330号へと続く。

◀供奉車330号の車内。回転椅子は25脚あり、随従員が着席する。御料車との連結寄りには、供進所(ぐしんじょ・簡易キッチン)があり、湯茶や簡単なお食事の提供ができる設備がある。

▲御料車側から見た供奉車330号の車内。

▲461号の荷物室は、所狭しと資材が並ぶ。

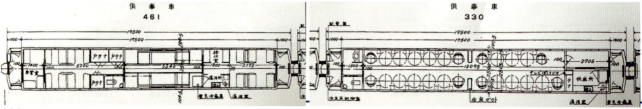
▲461号と330号の車両見取り図。上の写真と対比すると車内の様子がわかる。

▲1号編成復活の翌年に岩手県を走った両陛下の地方ご訪問のためのお召列車（JR山田線／H9年10月4日）。

お召列車

◀1号編成による国賓お召は、平成13年のノルウェー国が最後となった。

国賓御接遇をはじめ地方行幸啓でも活躍

　平成8年のベルギー国賓お召で復活後も、翌年には両陛下の岩手県行幸啓お召、平成11年ルクセンブルク国賓お召、平成13年ノルウェー国賓と両陛下宮城県行幸啓お召と続いたが、平成14年の両陛下山形県行幸啓お召を最後に、運転されることがなくなる。

　運転を取りやめた理由は、1号編成の製造時期が昭和6年から35年のため、経年による老朽化が原因であった。平成16年には後継となるE655系電車の製作が発表された。

　1号編成が引退した後、平成14年からE655系が誕生する18年の間には、2か国の国賓御接遇で鉄道を利用した。デンマークがJRの特急車両を、スウェーデンが西武鉄道の特急車両を使用している。

　1号編成が復活した平成8年のベルギー国賓お召のとき、沿線は異常なほどの数の鉄道ファンで溢れかえった。徹夜組を含め1万人ものいわゆる「撮り鉄」が集ったといわれる。

　その光景を供奉車から見ていた随従員らの驚きの表情は、今でも鮮明に覚えている。車輪の音とシャッター音が響き渡る中、菊華御紋章輝くお召列車がゆく。御料車の窓は開け放たれ、車内からお手振りをなさる両陛下とベルギー国王夫妻、フィリップ皇太子殿下（当時）のお姿が、とても印象的であった。

お召列車に欠かせない十六八重表菊の御紋章は、直径40cmの金メッキ製。第1号御料車の車体側面、御座所の窓下に掲出された。車体への取り付けは、JR社員によって慎重かつ整然と行われる。取り付け後に御紋章に向かって一礼するのも、国鉄当時からの作法の踏襲である。この御紋章は、現在E655系お召列車の前頭部に掲出される御紋章に転用されている。

❖お召列車 貴賓電車（クロ157-1号）

宮内庁から「御静養等私的な行事でご利用になるお召列車を簡素化できないか」という要望を受けて誕生した経緯をもつ貴賓電車。
昭和天皇、香淳皇后が御静養の際に長年使用された、思い出深い車両だった。

一般車両に連結されて、西へ東へ
車体カラーも連結する車両に合わせ3度塗り替え。

両陛下は皇太子時代に
香淳皇后は晩年までご利用に

天皇皇后両陛下は御即位後、貴賓電車をご利用になったことはない。

昭和35年に貴賓電車が完成して最初にご利用になったのが、当時皇太子であった両陛下と浩宮殿下（皇太子殿下）、義宮殿下（常陸宮殿下）で、那須御用邸へ御静養に向かわれた時であった。その後は、皇太子時代の昭和40年代を境に両陛下は一般の列車をご利用になることが増えたため、貴賓電車をご利用になる機会は減少していった。

昭和天皇・香淳皇后は、御静養や関東近県へお出かけの際には、貴賓電車を多用した。いずれも旧国鉄部内では非公式なお召列車として扱われていたが、これは貴賓電車を利用するという意味合いで用いられていた用語であり、1号編成によるお召列車と何ら変わらない扱いであった。当初は「簡素化」から3両編成で運転されていたが、その後は故障を考慮して5両→7両と変化していった。

昭和天皇は昭和63年9月、香淳皇后は平成5年9月が最後の御乗車となった。

以後は運転する機会もなく、現在は品川区にあるJRの車両工場内にある御料車庫で大切に保管されている。

▲見た目には一般の特急列車と何ら変わらないが、編成の中程に連結された貴賓電車がお召列車の証。

昭和天皇は、ことのほかお召列車での御旅行がお好きだった。時代の変遷とともに、連結する車両に合わせて車体の色も準急色→特急色→踊り子号色と塗り替えられた。

▲クロ157-1は昭和35年、川崎車輌（現：川崎重工）が製造を担当した。

❖ お召列車 新幹線お召列車

新幹線にお召列車が走ったのは、昭和40年5月7日、東海道新幹線の東京駅から新大阪駅が初めてであった。
専用の御料車ではなく、通常の新幹線車両を使用しているのは今も昔も変わらない。

 これまでに乗車された新幹線は、東海道、山陽、東北、上越、山形、秋田、長野、北陸、九州。

昭和天皇は、走行中の運転台を見学されたことも

新幹線のお召列車は、専用の御料車を持たないため、時として一般乗客と同じ列車でご移動、すなわち「混乗」することが昭和の時代から行われてきた。両陛下も、平成12年までは一般客と混乗で新幹線に御乗車になっていたが、以後は警備上の理由や列車ダイヤが多様化したこともあり、専用の臨時列車を仕立てている。まだ東海道新幹線しかなかった時代の昭和42年には専用車両の開発も検討されたが、使用頻度が見込まれないことから計画は見送られた。

専用の車両を使用しない代わりに、東海道新幹線では、昭和41〜59年まで車両前面に識別ラインを貼り付け、通常の新幹線と区別していた。以後はどの線区でも外見上の識別は行っていない。車内設備も、昭和の時代は座席を取り外してテーブルを設置していたが、平成以後は通常の設備のまま使用されている。

両陛下は、グリーン車をご利用になっているが、一時期あった個室や現在のグランクラスなどの特別座席はご利用にならない。

昭和天皇も、2階建て車両の個室や食堂車を見学されたことがあるほか、初めて御乗車になった昭和40年に東海道新幹線と、昭和57年に東北新幹線とで走行中の運転台を見学されたことがある。

▲旧国鉄時代の東海道新幹線ではテーブルがセットされていた。

▲東海道新幹線は団子っ鼻の0系車両時代、お召列車を識別する装飾が行われていた時期もあった。

▲ピカピカに磨き上げられた東北新幹線のお召列車。奥に停車中の新幹線は予備車で、続行運転される。

▲北陸新幹線には開業後間もない平成27年5月16日に御乗車になった。

❖ お召列車 E655系お召電車

1号編成の老朽化により、その代替として登場した次世代の皇室用車両。
一般向けの団体列車として活用できるハイグレード車両と
皇室用車両で編成するという、お召列車の概念を覆した画期的な「E655系」。

ハイグレード車両の愛称は「なごみ（和）」。
室内は木質の柔らかい雰囲気と落ち着きのある高級感。

6両編成のうち、1〜3号車が東急車輛製（現J-TREC）で、その他は日立製作所が製造を担当した。

御料車の名称は引き継がれず、「特別車両」と呼ぶ

平成16年に製作の構想が発表され、平成19年に誕生した次世代皇室用車両。旧国鉄時代は全国一元管理されていたことから、国内各地で1号編成の活躍を見ることができた。

しかし、国鉄分割民営化後は昭和62年のJR九州で運行されたのを最後に全国行脚の考え方はなくなっていく。そもそも御料車は宮内庁の所有ではなく旧国鉄の所有物であったのだが、1号編成も民営化と同時にJR東日本の管理下に移行された。平成元年には「新御料車」の製作構想があった。しかし、「できるだけ一般の人と同じ手段で移動したい」とする天皇陛下のお考えから、この話もいつの間にか立ち消えになってしまった。このような時代背景の中、E655系が誕生するとは、当時の状況からすれば思いも寄らないことだった。

E655系の誕生とともに、御料車という呼び方も改められた。御料とは天皇の御物を意味する宮廷ことばであるため、民営化されたJRには不釣り合いな言い方であったのかも知れない。

結果、「特別車両」という呼び方に改められ、天皇皇后両陛下をはじめ、皇族方、国賓等の公務や行事で使用することができる位置づけとなった。E655系お召列車は、一般にも利用可能な団体車両「なごみ（和）」5両に、特別車両1両を組み込んだ6両編成で運行される。

▼E655系お召列車の編成図。特別車両の内部は非公開のため、空白になっている。

異なる電化方式や
非電化路線にもマルチに対応

　E655系は、線路の幅が異なる新幹線区間を除き、JR路線を中心に一部の私鉄でも走行可能な電車で、電化されていない路線でも運行可能な機能を備えている。

　平成19年のデビュー以後、特別車両を連結したお召列車の運行は、平成20年のスペイン国賓御接偶に始まり、これまでに両陛下4回、皇太子殿下1回、国賓2回の計7回行われている。

　そのほかに、御静養や私的な御旅行等による両陛下のご利用は、4回（いずれも平成29年度までのお出まし回数の累計）であった。

　1号編成時代のお召列車は、御料車を中心とする客車で編成されていたため、電気機関車やディーゼル機関車が牽引していた。E655系は電車に属することから、電化されていない路線へ入線する場合に限ってディーゼル機関車による牽引運転が可能となっている。私鉄では、静岡県下田市に須崎御用邸があることから、昭和天皇の時代から貴賓電車や1号編成等も伊豆急行線へ入線した実績がある。

VIP室も備え
多種多様な運用が可能に

　特別車両の室内割付は、1号編成に組み込まれる第1号御料車を踏襲した形になっている。次室（次室）、特別室（御座所）、休憩室（御休憩室）、トイレ（御厠）となっており、カッコで記したものが第1号御料車で使われていた名称である。

　特別室は、国賓御接遇に適した座席レイアウトになっており、テーブルを挟んだ主席4席の後方にも座席が2席ずつ用意され、通訳や随従者の着席が可能となっている。

　第1号御料車にあった御化粧室は設けられず、その機能は休憩室に備えた形になっている。御厠もトイレと現代風に改められた。一方、ハイグレード車両の3号車にもVIP室が設けられており、特別車を連結せずとも賓客の利用が可能な設備を有しているが、これまでにVIP室が利用されたことは一度もない。

▲編成中央に組み込まれる特別車両の形式は「E655-1」と呼び、グリーン車を表す車両記号（サロ）は冠されていない。これは歴代の御料車から踏襲される記号付与方法である。お召列車の証である車両前頭部に掲げられる菊華御紋章は、第1号御料車のものを受け継いで使用している。特別車両の側面に掲出される菊華御紋章も貴賓電車のもの。

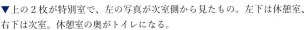
▼上の2枚が特別室で、左の写真が次室側から見たもの。左下は休憩室、右下は次室。休憩室の奥がトイレになる。

❖ お召列車

1号編成と貴賓電車の機能を併せ持つE655系電車。
菊華御紋章を掲出した公式な公務や行事のお召列車から、
御静養や私的な御旅行における御乗用列車までマルチに活躍。

特別車両を連結しないハイグレード車両だけで運転される御乗用列車。

両陛下の御静養と E655系ハイグレード車両

両陛下は御静養のため、御用邸を訪れる際に鉄道をご利用になっている。

那須(栃木県)へは東北新幹線、須崎(静岡県)へは在来線の特急電車を利用され、葉山(神奈川県)へは、昭和天皇の時代の昭和55年を最後に鉄道でのご移動は行われなくなった。

その中でも須崎御用邸への足としては、平成3年以後、踊り子号やスーパービュー踊り子号をご利用になっており、踊り子号6回、スーパービュー踊り子号15回(いずれも往復の御乗車で1回とカウント)を数える。E655系ハイグレード車両の登場以後は、これらの特急電車のご利用からシフトされ、平成29年度までに3回御乗車になった。両陛下は、その際にはVIP室も革張りシートもお使いにならず、グリーン車ではあるが、特別な装備のない車両をご利用になっている。伊豆急行線内のみを御乗車の際には、同社のアルファリゾート21へ御乗車になったこともある。

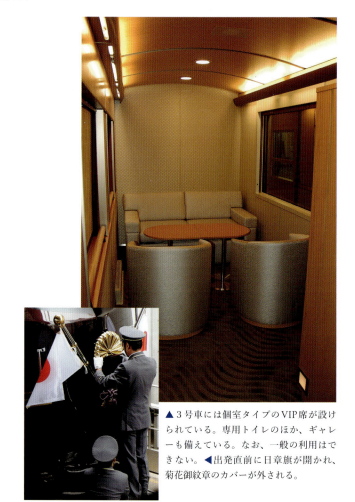

▲3号車には個室タイプのVIP席が設けられている。専用トイレのほか、ギャレーも備えている。なお、一般の利用はできない。◀出発直前に日章旗が開かれ、菊花御紋章のカバーが外される。

▼E655系お召列車がディーゼル機関車に牽引されたときの列車組成。※試運転時に撮影したもの(デジタル合成)。

日章旗や国賓国旗、菊華御紋章の取り扱い

　お召列車や御乗用列車は、運転日や御乗車区間、午前・午後等の大まかな日程は公表されるものの、運転時刻だけは昭和の時代から変わらず非公開である。

　運転当日の沿線では、大勢の鉄道ファンとともに警察官による厳重な警備を目の当たりにし、改めて日本の最高峰たる「お召列車」や「御乗用列車」の存在感と偉大さを認識させられる。旧国鉄時代、ご出発駅では国旗や御紋章の取り付けといったお召列車ならではの準備作業を入念に行っていたことがあった。しかし、昨今のような過密ダイヤでは、時として15分程度で準備を完了させることもあるそうだ。もちろん、時間帯や運転される線区の状況にもよるが、このため事前に車庫を出発する時点で国旗や御紋章を取り付けしておくことが多くなりつつある。国旗はあらかじめセットした状態で旗竿に巻き付けて布カバーをかけておき、出発駅でそれを解いて旗開きする。御紋章も同様に車体に取り付けた上で、車体色と同じ色の布カバーを被せておき、出発駅でカバーを外して御紋章に光をあてる。担当するJR社員は、緊張の面持ちで国旗や御紋章に向かい敬礼を行う。その威厳ある雰囲気は、お召列車が特別のものだと再認識させてくれる。

▲特別車両「E655-1」外観。空車時の重量は40.5トンもある。

◀特別車両(特別室)の窓は大きく、両陛下のお姿を拝見しやすい。下の写真は、ハイグレード車両で御静養に向かわれる両陛下。E655系の車体は、マジョーラ塗装という特殊な光沢をもつ塗料が使用されており、光線の具合で濃い茶色から濃い紫色に変化する。

▲御静養の際はE655系の一般車両をご利用になる。

E655系ハイグレード車両や特別車両の保管場所

　お召列車はどこに保管されているのか。その場所は、公然の秘密として鉄道ファンの間では有名で、戦前から今も変わらず東京の品川区にある旧国鉄・大井工場、現在のJR東日本・東京総合車両センターにある。この敷地内の一角に煉瓦造りの「御料車庫」と呼ばれる建物があり、明治期から昭和に至るまでの歴代の皇室用車両から、先頃世代交代した貴賓電車や御料車1号編成、お召列車用として製造された電気機関車EF58型61号機、そしてE655系特別車両まで、計14両が格納されている。E655系ハイグレード車両は、東京都北区にあるJR東日本尾久車両センターに保管されている。

▲沿線で待ち受ける奉迎者に対してお応えになる皇后陛下。

❖ お召列車 一般型車両によるお召列車・御乗用列車

時代の変遷とともにお召列車の形態も様変わりしてゆく。
「できるだけ一般の人と同じ手段で移動したい」とのお考えから、
通常の列車や車両を使用したお召列車が運転されることに。

通勤電車や特急列車、観光列車に天皇皇后両陛下が御乗車。

皇太子時代の御乗車方法を踏襲、平成流、お召列車の登場

昭和30年代のこと、御料車や貴賓電車といった専用の車両は、昭和天皇、香淳皇后以外にも、当時皇太子であった天皇皇后両陛下や国賓等が多用されていた。

御専用車に乗車されない時には、通常の急行や特急列車に1等車1両を増結したり、国賓の場合には御料車等を増結することもあった。新幹線網の発達や優等列車の充実といった時代の流れもあり、いつの頃からか通常の列車で一般客と御一緒に御乗車になる「混乗」という方法が用いられるようになった。

両陛下も皇太子時代の大半は「混乗」という方法で御乗車になっており、このことが御即位後に「できるだけ一般の人と同じ手段で移動したい」と希望されることにつながったのではないか。こうして「平成のお召列車・御乗用列車の在り方」が形づくられていった。

両陛下として御即位後、最初に鉄道をご利用になったのは平成元年8月のことで、東北新幹線で那須御用邸へ向かわれた時だった。

上野駅から臨時やまびこ131号へ御乗車になり、那須塩原駅まで御乗車になった。お召列車として専用の列車を仕立てず、一般旅客が乗車できる列車に「混乗」する形の「平成流御乗用列車」の最初であった。もちろん特急列車の走らない路線を御乗車になるときは、臨時に仕立てた列車に御乗車になった。

混乗による御乗用列車は、新幹線では平成12年の東北新幹線まで、在来線は平成17年のスーパービュー踊り子号まで続いたが、その後は警備上の理由等から、専用の列車を仕立てることへと変わっていった。

▲JR東海管内では、特急型気動車をお召列車としてご利用になった。特別な装飾は行なわれず、連結器だけが銀色に塗装されていた（JR高山線／H18年5月21日）。

▲平成8年にスーパーあずさ号として原宿駅から運転したお召列車。

▶原宿駅宮廷ホームへは、平成16年の試運転以降、列車は乗り入れていない。

お召列車

一般車両を専用に仕立てたお召列車

平成2年7月に全国豊かな海づくり大会で青森県をご訪問になった両陛下は、青函トンネルが開通した2年後ということから竜飛海底駅を視察された。このとき、両陛下は青森駅から竜飛海底駅まで津軽海峡線を往復御乗車になったが、この区間を走っていた当時の特急列車は竜飛海底駅に停車しなかったため、在来線の特急車両を使用し、臨時に仕立てたお召列車を御乗用になった。

一般車両を仕立てたお召列車は、昭和天皇の時代にも私鉄では見られたが、旧国鉄では考えられないことであった。JRで特急列車が走らない路線では、他路線で使用している特急車両や団体用サロンカーを使用することが多い。私鉄の場合は優等車両や通勤電車のほか、登山電車やトロッコ気動車といった一風変わった列車にも御乗車になっている。

一般車両の場合、外観上、両陛下の御乗車位置を知らせる菊華御紋章の掲出がないなど、どの車両に御乗車になっているのかが解りにくいことから、沿線で待ちわびている奉迎者泣かせになることもあるだろう。

▲一般車両を使用したお召列車でも、何も装飾しない鉄道会社もあれば、旧国鉄時代に使用した装飾具（保管品）を使用して運転する鉄道会社もある。JR九州は、平成18年10月の運転に際して旧国鉄時代の大きな菊華御紋章と日章旗を車両前頭部に掲出した気動車型のお召列車を運転したことがある。こうした装飾を行うことに、JR九州のお召列車に対する誇りと名誉を感じる。

▲P36で大きく掲載したが、定期の特急列車をお召列車とした「はつかり号」から降車される両陛下。

▼つくばエクスプレスでは、通勤型電車をご利用になった（H22年8月2日）。

▶近鉄をご利用の際は、最新の特急電車が使用される（H26年11月15日）。

お召列車

両陛下は、ご公務の合間や私的な御旅行で観光列車へ御乗車になることも。
お召列車から沿線の風景を楽しまれる暇もないほど、
待ち受ける奉迎者に向けてお手振りでお応えになる。

箱根登山鉄道では、日章旗をデザインしたマークを掲出した。

登山電車とトロッコ列車、ご公務の合間の観光鉄道ご体験

ご公務で全国各地へおいでになる両陛下でも、観光列車に御乗車になる機会にはなかなか恵まれない。平成22年5月の箱根登山鉄道は、神奈川県での全国植樹祭御臨席に併せた地方事情御視察の途次、箱根から御殿場へ向かわれる行程に組み込まれたものだった。

平成26年5月の「わたらせ渓谷鉄道」は、栃木県・群馬県への私的御旅行の際の行程に組み込まれたことで、両陛下は、登山電車やトロッコ列車に乗車されることを大変楽しみにしておられたそうだ。いずれの列車もお召列車ではなく、私的なご利用を意味する「御乗用列車」として運転された。たとえば、「わたらせ渓谷鉄道」の運賃は、宮内庁費である宮廷費ではなく、両陛下の私費である内廷費からお支払いになっている。観光地といえば、平成2年8月に軽井沢へ御静養にお出かけになったことがあった。この時は、北陸新幹線が開業する前であり、新宿駅から「臨時特急そよかぜ91号(お召列車扱い)」で碓氷峠を越え、中軽井沢駅まで御乗車になった。

両陛下が在来線で碓氷峠を越えられたのは、この時が最後で、平成10年の長野オリンピックの時は、長野行き新幹線をご利用になった。昭和天皇・香淳皇后の時代は、どこへ行かれるにも御料車または貴賓電車を連結したお召列車をご利用になっていた。

昭和天皇はお召列車でのご移動を好んだといわれ、平成31年に御退位、御即位を迎える上皇陛下、上皇后陛下と新天皇皇后両陛下は共に「お召列車」「御乗用列車」をご利用になることが決まっている。皇嗣殿下は定期列車を1両貸し切る混乗だけでなく、必要なお座席だけを借り上げる現在のスタイルを踏襲される。皇室と鉄道との深いつながりは、未来へと続く。

私的な御旅行で日光から足尾を訪れた際に、わたらせ渓谷鉄道のトロッコ列車「わっしー号」に御乗車になった両陛下。窓ガラスのないトロッコ車両から、爽やかな風に吹かれながら渓谷美を楽しまれた。

❖お召列車 皇太子ご一家の御乗用列車

那須御用邸、須崎御用邸、御料牧場、志賀高原へとご一家でお出かけに。
専用の列車ではなく、時刻表に掲載されている列車をご利用。

グリーン車は1両貸し切りながら「混乗」による一般旅客と同じ列車をご利用。

突然のご一家のお出ましにホームに居合わせた乗客は騒然

東京駅の日常の光景である特急踊り子号の到着。その列車の到着が近づくと、ホームには駅長をはじめSPらの姿が目に付き、入線と同時に駅長が敬礼して列車を出迎える。そして、列車から降り立たれるご一家のお姿に、偶然ホームに居合わせた乗客は騒然となるが、みな一様に笑顔で皇太子ご一家をお迎えする。

ご一家が御乗車になるご乗用列車は、定期列車であり、時刻表にも掲載されている。とはいえ、ご一家が御乗車になっていることまでは知る由もない。皇室ファンの中には、列車の空席状況を調べて見当をつけ、お迎えする人もいるのだとか。一見、普通の列車と何ら変わりのない「御乗用踊り子号」だが、使用される車両は「防弾仕様」のグリーン車を連結した編成が指定される。

これは新幹線の場合であっても、皇太子同妃両殿下または殿下おひと方で地方へお出ましになる場合でも、同様の措置がとられる。

皇太子殿下は、平成23年11月に「E655系特別車両」に御乗車になったことがある。このときは、天皇陛下の御名代として御乗車であったため、お召列車として東京駅から甲府駅まで運転された。なお、お帰りはそのまま次のご公務地である松本へ「スーパーあずさ号」で向かわれたため、片道だけの運転となった。

皇太子殿下はこれまでに皇室用車両として、ご幼少のころに貴賓電車にもご乗車になったことがある。当時皇太子だった両陛下と葉山御用邸や那須御用邸へお出かけになっている。古くは第2号御料車で原宿駅宮廷ホームから軽井沢駅まで御乗車になっているが、お誕生後間もないこともあり、ご記憶には残っていないであろう。

▲御乗用「踊り子号」をご利用になって伊豆急下田駅から東京駅へお着きになった皇太子ご一家。

▶ホームでは駅長のお出迎えを受けられる。

❖ お召列車 ちょっと変わった乗り物へ御乗車

両陛下の御成婚を記念して造られた「こどもの国」と、
北海道と本州を陸続きにした青函トンネル。
ここでは、めずらしいお召列車へ御乗車になった。

津軽海峡の海底へと続くケーブルカーと
こどもの国のSL遊戯鉄道に御乗車。

▲竜飛海底駅からケーブルカーに乗車された。

◀こどもの国ではミニSLに御一家でご乗車になった。

▶東急線の臨時列車に御乗車になった皇太子妃殿下と紀宮殿下(当時)。

▲両陛下は、皇太子時代の昭和60年5月に紀宮内親王殿下を伴い、地下鉄と私鉄を乗り継いで「こどもの国」においでになったことがある。当時お住まいの東宮御所の最寄り駅である青山一丁目駅から臨時電車で往復された。天皇陛下が日本の地下鉄に初めて御乗車になったのは、この時だった。

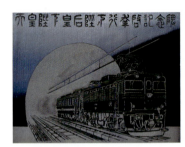

▲青森県外ヶ浜町にある青函トンネル記念館ご訪問記念碑。

最強のお召列車!?
両陛下とお子様がた御一家が
お揃いで御乗車に

30年間のご公務の合間には、珍しい乗り物にも御乗車になった。

平成2年7月、第10回全国豊かな海づくり大会御臨席のため青森県をお訪ねになった両陛下は、開業から2年を迎えた青函トンネルを視察された。この時に青森駅からお召列車で本州方の海底部に位置する「竜飛海底駅(平成26年廃止)」まで御乗車になり、その地上部にある「青函トンネル記念館」においでになる足として、青函トンネル竜飛斜坑線という名の「ケーブルカー」に御乗車になった。1両編成のケーブルカーは、「セイカン1型」と呼ばれる形式のもので「もぐら号」の愛称を持つ。

現在も「青函トンネル記念館」から海底部にある体験坑道駅まで乗車することができる(※冬季休館)。

平成21年12月に横浜市にある「こどもの国」をお訪ねになった両陛下は、皇太子ご夫妻(愛子内親王殿下はお風邪によりお取りやめ)、秋篠宮ご一家、黒田ご夫妻と合流された。

ご散策の後、遊戯鉄道「ミニSL太陽号」(電気式SL+客車4両)に御乗車になった。遊戯鉄道とはいえ、両陛下とお子様方が一つの列車に御乗車になったのは初めてのことであり、大変珍しい出来事となった。関係者はさぞかし誇らしかったであろう。

❖お召列車 時刻表に載らない御乗用踊り子号

両陛下と特急電車で旅をする。
踊り子号、スーパービュー踊り子号で、
そんなことができた時代があったのも過去のはなし。

下田行きは最後部の2両、東京行きは最前部の2両、
誰もが乗車することができた御乗用電車。

特急券は2両分だけを前日発売 気分はお召列車

この特急電車が時刻表に載らない理由、それは両陛下の御乗車を目的に走る列車であるからにほかならない。

臨時に仕立てる列車であれば、専用のお召列車と何ら変わらないのではないかと思うわけだが、連結される一部の車両を一般客に開放するというところが平成流なのであった。

つまりは、「号車」こそ違えど、両陛下と同じ列車で移動することができた時代があったのである。

あらかじめの告知はせず、時刻表にも掲載しない。みどりの窓口でも運転日の前日にならないと特急券を発売しないため、偶然に買い求めた乗客だけが乗れるというプレミアムチケットの列車でもあった。

使用される車両は、運転日の前日までに入念な整備と品川駅～東京駅間で試運転を行い、晴れの舞台に備える。

当日は、先頭車の乗務員室には、運転士のほかに複数の関係者が所狭しと乗り込み、秒単位で運転時刻と睨み合う。

「出発進行!」といった「信号喚呼」も運転士ら3名で復唱するなど、これが御乗用列車たる「踊り子号」と呼ばれる所以である。

この「御乗用踊り子号」が初めて運転されたのは、平成3年4月のことで、以来平成17年まで(平成15年のお取りやめは除く)の間に、ご公務と私的ご利用(御静養)を含めて踊り子号に6回、「スーパービュー踊り子号」へは15回の計21回御乗車になっている。

現在は、警備上の理由からか運転されることはなくなってしまった。

お召列車と同様に1秒の狂いもなく定時運行される御乗用列車。乗務に従事する運転士をはじめとする関係者の姿からも、その気迫が窺える。

▶通常の特急列車では見られない光景が御乗用列車たる証。

❖ お召列車 旧御料車

御料車として正式に車両形式称号が制定されたのは明治44年、それ以前は、「玉車」「御車」「鳳車」と呼ばれていた。
今も、明治期～昭和期までに活躍した14両の御料車が保存されている。

豪華絢爛な日本工芸の粋を集めた「走る宮殿」。
世界に類のない「神様」をお運びする専用車両とは。

大正・昭和期を生き抜き現役を退いた「旧御料車」

歴代の皇室用車両は、明治期から昭和期までに全部で24両が製造された。

現存するものは明治期5両、大正期5両（賢所乗御車（かしこどころじょうぎょしゃ）を含む）、昭和期6両の計16両（一部分のみ保存した御料車は除く）に留まる。

旧御料車とは、現在でも車籍が残る5両を除いた19両を意味するが、巻末資料に収めた図面の御料車は、大正の御大礼の際に新造された車両である。

宮内庁の書陵部に属する宮内公文書館には、明治期以降の御召列車をはじめとする鉄道に関連する皇室文書や写図が所蔵されている。これらはあらかじめ申し込みを行うことで誰でも閲覧できる。その中に、大正大礼の際の御料車の貴重な図面（原図）も収蔵されている（大正大礼記録・大礼記録附図・鉄道関係）。世界に類を見ない神様をお運びする「賢所乗御車」は、その代表格といえよう。

大正4年11月に大正天皇の御大礼が京都御所で執り行われるにあたり、皇居宮中三殿の一つである賢所の御神体（神鏡）をお運びするための特殊用途車両として誕生した。当時の記録によれば、天皇と御神体が御同乗することや、御料車より格下の車両（お付きの者が乗る供奉車や荷物車等）へお載せすることは憚られるということから、御神体（神鏡）のみをお運びする専用車両を製造するに至った。同時に大正天皇・貞明皇后の御同乗用御料車として第7号御料車と、御食堂車（第9号御料車）が併せて新造された。

第7号御料車は、初めて天皇と皇后が御同乗できる構造とした御料車である。それまでの御料車は天皇用と皇后用とに使途が決められていた。

賢所乗御車は、別名「賢車（けんしゃ）」とも呼ばれる。車体側面の観音両開き扉を開けると、御神体の奉安室が現れる。室内は総檜の白木神殿造りで、大扉外側の合わせ目に菊花御紋章が取り付けられる。

第7号御料車は、大正3年の製造ながら御厠は洋式と和式の便器を備えていた。

「明治天皇御手許資料」にみる明治期の鉄道車両の形式写真

宮内公文書館に所蔵される「明治天皇御手許資料」には、意外にも多くの皇室に関係した鉄道車両の写真が収載されている。御乗車になる前に御覧になったであろう御召車の写真では、明治天皇ご自身が北海道を訪問された際に御乗車になった「開拓史号」がある。

ほかには、大正天皇が皇太子時代の明治44年8月に北海道ご訪問の際に内閣鉄道院・札幌工場で製造された御召車や明治41年の韓国皇太子の北海道ご訪問で使用した北海道炭礦鉄道の特別車の写真も収載されている。

明治天皇が写真を好まれたのか、それとも説明する側が論ずるよりもお見せすることを好んだのか。今となっては知る由もないが、これらの資料を永久保管している宮内庁には頭が下がる思いである。

大正天皇が皇太子時代の明治44年に、北海道内で使用した御召車の写真。この写真は「明治天皇御手許資料」として作成されたもの。現在は、宮内公文書館に収蔵されている。

▲儀装馬車運搬車

▲第9号御料車（御食堂車）

▲御食堂室の壁面には彩色豊かな刺繍により異なる「鷹」が描かれている。

▲第9号御料車（御食堂車）の御食堂室は、桑材に螺鈿や高蒔絵が施してあり、天井は格天井造りに絹張り。

大正の御大礼で新製された御食堂車、儀装馬車運搬車

京都御所で行われた大正の御大礼は、東京をご出発後、名古屋で一泊され京都入りされる行程であり、今では考えられない長時間移動を伴うものだった。このため、御召列車では御食堂車の必要が生じたため、大正天皇・貞明皇后の新製第7号御料車の附随御食堂車として第9号御料車が製造されることになった。

それまでの御料車には御食堂車はなかった。室内の用材はすべて桑無垢材を使用し、着色せず摺漆で仕上げて杢を生かし、これに螺鈿や高蒔絵を施した豪華な造りとした。壁面には、彩色豊かな刺繍で異なる鷹が鮮やかに描かれていた。その写実性と立体感は見事な仕上がりであり、さすが御料車たる御食堂車と言わしめた装飾であった。

儀装馬車運搬車は、大正天皇が御乗用になる「特別御料儀装馬車」を東京から京都へ運搬するために造られた専用貨車である。同様に馬を運搬する貨車も製造され、東京で使用した馬車や馬を、大正天皇が名古屋で一泊されている間に先回りして京都に輸送した。（資料編P125参照）

お召列車 宮廷専用駅

現役と廃止になった、都内にある2つの皇室専用駅。
いずれも大正天皇に関係する専用駅で、
山手線原宿駅の片隅と中央線高尾駅近くにひっそりと建てられた。

明治神宮の森に隣接する、今なお現役の宮廷ホーム。
武蔵陵墓地近くの駅跡は、皇室ゆかりの駅舎が移築予定。

正式名称は、「原宿駅側部乗降場」という

昭和の時代、お召列車といえば、明治神宮に隣接する山手線原宿駅の片隅にある皇室専用駅から出発するのが慣例となっていた。正式名称は「原宿駅側部乗降場」といい、通称「宮廷ホーム」と呼ぶ。プラットホーム長は171メートル、御車寄を兼ねた駅舎建物を含む構内敷地は、JRと財務省（国有地）で区分所有する。この地に皇室専用駅を造るきっかけとなったのは、ご病弱だった大正天皇の東京駅や上野駅といった観衆の多い駅でのご乗降を避けるためであった。

完成は大正14年10月。竣功当初は、駅舎建物を囲むように三方が壁で覆われていた。昭和20年に空襲を受け被災し、昭和26年に改築され現在の姿になった。今なお大正時代の面影を残している。大正天皇がこの専用駅をご使用になったのは一度だけだ。大正15年8月、最後の御静養地となった葉山御用邸へ向かわれた時であった。

車椅子に座られる大正天皇が、ご不自由なく御召自動車から御召列車へお乗り換えできるようにと「特殊な構造」を備えた専用駅だったのだ。

今でもその名残をホームにある不自然な段差で確認することができる。昭和の時代、昭和天皇・香淳皇后はご公務や御静養で、幾度となくこの駅をご利用になった。

平成に入ってからは、香淳皇后（当時は皇太后陛下）が平成元年から5年までの間に12回使用され、両陛下も4年、8年、11年、13年と計6回ご使用になった。その後は、16年に特急型車両によるお召電車の試運転が行われたものの、取りやめとなり、以後14年間は一度も列車は乗り入れていない。

左が大正14年竣功当時の原宿宮廷駅の駅舎外観。上が現在の姿。空襲を受けたため建物の印象は異なるが、骨組みや大きさは一部を除き変わらない。

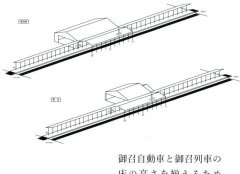

御召自動車と御召列車の床の高さを揃えるために、プラットホームに段差が造られた。

▼昭和20年の空襲で、駅舎は被災しホームにかかる屋根部分よりひとまわり小さくなった。建物壁面や屋内にあった皇族貴賓室も焼失した。

武蔵陵墓地の参道と直結
東浅川皇室専用駅跡

中央線東八王子駅と高尾駅の間に昭和2年から35年まで「東浅川駅」という皇室専用駅が存在した。大正天皇の崩御により、その陵墓近傍の皇室専用駅として開設されたもので、正式には「東浅川仮停車場」といった。昭和2年2月8日、大正天皇の御遺体をお乗せした霊柩車を連結した「御大喪列車」が新宿御苑仮駅から東浅川駅まで運転された。その後も、御墓参の都度、御召列車が運転された。昭和26年には貞明皇后が崩御し、同様に御大喪列車が運転された。昭和35年になると、貴賓電車が多用され高尾駅を使用することになり、東浅川駅は廃止された。駅舎は八王子市に譲渡され、地区会館として活用されたが、平成2年に爆破事件が起こり焼失。跡地は市の駐車場へと転用された。近い将来、高尾駅の木造駅舎をこの地に移築する話がある。この駅舎は大正天皇の大喪の礼で使用した「新宿御苑仮駅」を移築したものである。

「東浅川皇室専用駅」は、武蔵陵墓地から続く参道の行き止まりにあった。現在は駐車場になっており駅舎は存在しない。

平成2年まで残っていた社殿造りの駅舎。
駅舎焼失後も近年までホーム屋根の基礎が残っていた。

▼原宿宮廷駅の一般公開は、昭和26、27、30、54、62、63年と、平成28年10月の計7回しか行われていない。

お召列車

❖ お召列車 運転手配

時代とともに変遷するお召列車の取り扱い。
旧国鉄時代に計画の手順等が形作られ、
現在もそのスタイルを踏襲しているとされる。

JR各社への運転依頼は、すべてJR東日本が窓口となる。運転に関する申し込みは、宮内庁が自ら行う。

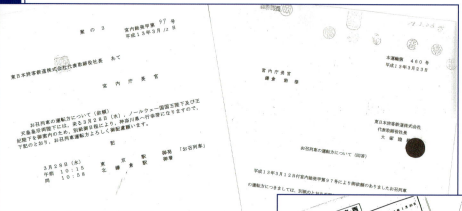

◀宮内庁からの運転依頼は、おおむね運転日の2週間前に鉄道事業者あてに行われ、その回答文書は1週間前に発出されるのが例になっている。左の依頼文書は、平成13年3月に運転された1号編成による国賓お召列車のもの。

▼旧国鉄時代は、達示と呼ばれる紙媒体により運転に関する伝達を行っていた。現在は、電子システム化されており、紙媒体による伝達は見られなくなった。

運転計画は、おおむね6ヵ月以内 正式な要請は、おおむね2週間前

両陛下が鉄道をご利用になる場合は、おおむね6ヵ月以内に宮内庁から、事前にお召列車または御乗用列車の運転要請が鉄道事業者あてに行われる。三大行幸啓等のご公務の場合、行事を主催する都道府県がご日程を勘案するが、お召列車をはじめ交通機関や宿泊施設への手配（依頼）については、宮内庁が直接行っている。

宮内庁からJR各社への運転依頼については、旧国鉄時代に全国の国鉄線を東京・丸の内にあった国鉄本社が一手に引き受けていた慣例を、そのままJR東日本が引き継いだ。このため、JR東海で運転するお召列車であっても、JR東日本が依頼を受け、取り次ぎを行っている。私鉄へは、昭和の時代から個別に行われている。

このほか、運転計画に必要不可欠な規程類として、お召列車運転及び警護基準規程、お召列車の運転及び警備心得、お召船の運航及び警護心得、お召列車運転の手引きが旧国鉄時代に制定されている。JR化後は内容の改訂が一部に見られたが、基本的な内容そのものは引き継がれている。

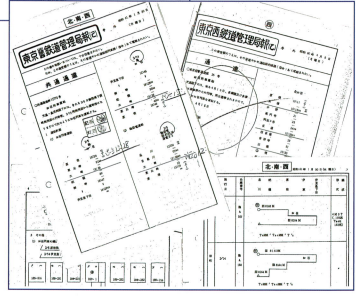

▼お召列車が走る区間の線路を図案化した配線略図の作成例。どこで他の列車と行き違うかや、どの駅で何番線を通るか等の情報が記載される。

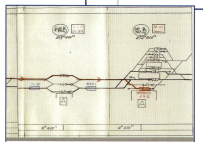

▲旧国鉄時代に取りまとめられた「お召列車運転の手引き」。運転計画の手順から、車両編成、御紋章の取り扱い、車中拝謁手順、車内冷房温度、作成資料の書き方等が事細かく記載されている。

❖ お召列車 運賃・料金の支払い

旧国鉄時代は、両陛下や皇太子殿下の運賃・料金は、無料だった。
JR化後は、賜金（謝礼）での支払いから請求書払いへ。
私鉄へは、昭和の時代から運賃・料金が支払われていた。

東京駅から北鎌倉駅まで運転された お召列車1号編成チャーター料は30万円。

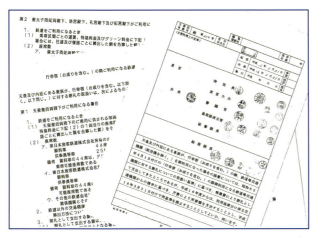

◀旧国鉄の民営化以降、報償費による支払いを平成16年4月から請求書払いに改めた時の稟議書の写し。

貸し切り料ではなく、座席借り上げ料 賜金（謝礼）は、運賃料金相当額

JRが国鉄だった時代、天皇皇后両陛下、皇太子同妃両殿下、同子孫殿下の運賃・料金は無料で、お付の宮内庁職員（供奉員）や警察関係者（警護員）までもが無料だった。

また、外国元首の国鉄利用も無料であったが、他の皇族方は今も昔も有料であった。国鉄が民営化されJRとなった昭和62年以降は、無料というわけにはいかないとする宮内庁側の配慮から、それまでも支払いを行っていた私鉄の例を参考に、運賃・料金に相当する額を「賜金（謝礼）」として宮内庁予算の中の報償費からJRへ支払うように改められた。

これはJRからの請求によって支払うものではなく、あくまでも宮内庁側が自主的に支払うものであった。その後、平成16年になると再び制度が改められ、JRからの請求書により宮内庁が支払うことになった。この制度は、現在も適用されている。

JR以外の私鉄のご利用については、昭和の時代から現在まで、私鉄各社からの請求により宮内庁が宮廷費の中からその運賃・料金を支払っている。

上記の場合によらない例として、両陛下や皇太子ご一家に見られる「私的なご旅行（※御用邸での御静養は除く）」や宮中祭祀に関わるご利用分については、次のように取り決められている。

両陛下をはじめ、皇太子ご一家の運賃・料金は、御手元金（私的費用）である「内廷費」から支払われ、お付の宮内庁職員分は宮内庁が「宮内庁費」から支出することにより、公私の別を明らかにされている。

お召列車

▶運賃や料金の収受に関する取扱い方法を定めた旧国鉄時代の関係規程の抜粋。

◀旧国鉄時代の無料規程や、賜金（謝礼）から請求書払いへの改訂に関する公文書の写し。賜金の支出協議書には、お召列車30万円の文字が。見積書や請求書には、車両を借り上げた区間や座席数の内訳も記載される。

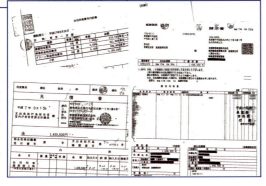

▶平成16年度以降に取り交わされているお召列車や御乗用列車に対する運賃・料金の見積書と請求書の写し。実際に借り上げた座席数のみが計上される。

「車中御昼食」では、何をお召し上がりに？

両陛下は、地方へお出ましの折、新幹線の車中で御昼食を召し上がることもある。

それは、東京駅を出発する「新幹線お召列車」の時に多く、宮内庁が持参した弁当や東京駅の有名駅弁を召し上がることもあるそうだ。皇太子時代には、夏の軽井沢御静養の帰路、荻野屋の「峠の釜飯」をご一家で召し上がるのが恒例となっていたという微笑ましいエピソードも。昭和天皇・香淳皇后も、昭和33年に旧1号編成のお召列車で碓氷峠を越えて富山県へ向かわれた際に、「特製・峠の釜飯」をお召し上がりになった。通常のものと異なり、特別にあつらえた陶製の容器で提供された特別メニューだった。

両陛下が在来線で碓氷峠を越えられたのは、平成2年が最後となり、この時もお帰りの御乗用列車「そよかぜ92号」（臨時特急電車）の車内でお召し上がりになったそうだ。

大正天皇・貞明皇后は、御召列車に「サンドイッチ、カステラ、サイダー」をお持ち込みになった記録が残っている。この時代にしては、とてもハイカラな御軽食だったであろう。

余談ながら、大正天皇は甘い物がお好きだったようで、夏の御静養地であった日光・田母沢御用邸へは、当時としては珍しかったであろう「アイスクリーム製造機」を持ち込まれた記録も残っている。

▲昭和33年、昭和天皇・香淳皇后のお召列車に横川駅から積み込まれた「特製・峠の釜飯」。※当時の献立を再現したもの。

お召列車乗務員の必須アイテム「乗務き章」。

お召列車の乗務係員は、「お召列車乗務き章」を上衣の左胸部の見やすい箇所に着けるものとする。

これは、旧国鉄（JR）のお召列車に関する内規で定めている「お召列車乗務き章」に関する一文である。

お召列車に乗務する職員は、あらかじめ所属氏名や職制、車内の乗務位置を記入した名簿を宮内庁や警備当局に前もって提出しており、厳重な管理下におかれている。

お召列車に乗務する係員は、車内接遇員（NRE係員等）であってもその証として、着用しなければならない。定期列車等に混乗により御乗車になる場合の乗務員には、乗務き章の着用は指定されていない。この乗務き章は、旧国鉄時代から受け継がれているもので、その取り扱いは極めて厳重であり、現在ではJR東日本に継承されている。

※NRE／株式会社日本レストランエンタプライズ。JR東日本の飲食事業子会社

▲乗務き章は、お召列車に乗務する全係員への着用が、国鉄時代から内規で義務づけられている。

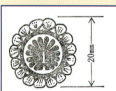

▶乗務き章の着用位置を細かく指定した旧国鉄の内規。乗務員は、白手袋、黒靴の着用も指定されていた。

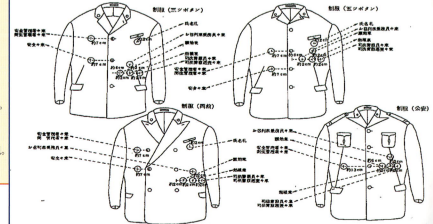

第5章

貴重な写真で綴る天皇陛下と飛行機・船舶

お召機、お召船

皇室の航空機利用は、御乗物の中では一番遅く、戦後になってからのことだった。

初めて航空機を利用したのは当時皇太子だった天皇陛下であった。

船舶は、明治四年に二十歳だった明治天皇が、濱御殿(現在の浜離宮)から民間の蒸気船に御乗船されたのが最初だった。

❖ お召機 その歴史と背景

皇室で初めて航空機をご利用になったのは皇太子時代の天皇陛下だった。昭和28年4月、イギリス女王陛下戴冠式ご参列（御名代）の途次、サンフランシスコからカナダ・ビクトリアまでカナダ空軍機に搭乗された。

歴代天皇として初めてのお召機ご利用は、昭和29年8月の昭和天皇・香淳皇后。

▲初のお召機は、ダグラス社製「DC-6B型機」だった。

初のお召機は、日本航空が運航

終戦から9年後、全国御巡幸の締めくくりとなった昭和29年8月の北海道ご訪問。その帰路で、昭和天皇・香淳皇后は初めて航空機をご利用になった。「初めての空の旅にもかかわらず、しごくお元気だった」。そんな活字が新聞や雑誌を飾った。

当時はまだ、政府専用機はなく、お召機として日本航空のダクラス「DC-6B型機（JA6201）」が選ばれた。機長、副操縦士は外国人で、スチュワーデス（当時）2名のほか日本人5名が乗務した。

機内は、後方に両陛下用として6席が用意され、次いで侍従用4席、随員用34席、スチュワーデス用2席という座席配置だった。

その後、「DC-6B型機」によるお召機は3回運航され、昭和35年10月にはジェット機「DC-8型機」による運航へと移行した。

天皇陛下が皇太子時代、国内で初めて搭乗されたのは、昭和33年6月の北海道ご訪問時に遡る。御結婚後は、海外が昭和35年9月のアメリカご訪問、国内が昭和37年5月の南九州ご訪問の時であった。また、昭和62年のアメリカご訪問時には、大統領専用ヘリコプターにも搭乗されている。

▲東京国際空港長から提出されたフライトスケジュール。

▲お召機となった日本航空「DC-6B型機」の機内座席図。

お召機＆お召船

❖お召機 政府専用機

戦後になり、皇室や政府要人の国内外への訪問に航空機が多用される時代を迎えた。
当時、日本で唯一国際線を運航し「半官半民」の体制であった日本航空が、
長らくお召機（特別機）の運航を担っていた。

 **昭和62年に日本政府が専用機の導入を決定。
平成3年9月に2機が総理府へ納入された。**

特別機ではなく、お召機。
主賓室はトップシークレット

ジャンボジェットと呼ばれるボーイング「747型機」を「政府専用機」として所有する国は、日本をはじめ、アメリカ、ブルネイ、アラブ首長国連邦（UAE）、サウジアラビア、バーレーン、キルギスタンといった国が挙げられる。この他に、国営の航空会社の機材を使用している国や航空会社からリースを受けている国もある。日本は、ボーイング747専用機導入以前に専用機がなかったわけではない。昭和61年に政府要人や外国賓客の輸送を目的として3機の大型輸送ヘリコプター「シュペルピューマ」を陸上自衛隊（特別輸送ヘリコプター隊）に配備している。「ボーイング747専用機」は、平成3年の導入当初は総理府の予算で購入されたため同府の所管とされ、航空自衛隊に運航を委託する形が取られていた。平成4年4月、航空自衛隊に管理換えされ現在に至っている。専用機の機体に書かれるシリアルナンバーも、民間機のJAで始まるものではなく「20-1101」と「20-1102」という自衛隊符号で管理される。2機の専用機は、北海道・千歳基地に展開する航空自衛隊・特別航空輸送隊（第701飛行隊）が管理・運航を行っている。乗務員である操縦士、航空士、整備員、航法士、機上無線員、特別空中輸送員（客室乗務員）をはじめ、運航管理者を含むすべてが航空自衛隊員である。運用面では、皇室と政府要人との予定がバッティングした場合は、皇室を優先するというルールがある。機内におけるご接遇は、特別空中輸送員が行う。機内で提供される両陛下や皇太子同妃両殿下へのお食事等は、あらかじめ宮内庁と相談して決められたメニューと食器類を使用して提供される。

政府専用機は、任務機と予備機の2機がペアで運航される。機体整備は日本航空に委託している。機内は前方から主賓室、侍従室（秘書官室）、会議室、執務スペース、事務室、随行員室、一般室からなる。機首頭部の国旗は、操縦室の非常脱出口を開けて人の手で掲出される。

▲平成31年度から導入が予定されている次期政府専用機ボーイング「777-300ER型機」。機体整備は全日本空輸に委託される。

❖お召機 全日本空輸（ANA）特別機

全日空が初めて特別機を運航したのは、昭和37年5月に皇太子時代の両陛下が南九州をご訪問になった時のこと。以来、昭和〜平成を通じて57年にわたり特別機を運航している。

時には政府専用機に代わって海外へも。近年は、ボーイング「737-800型機」で運航。

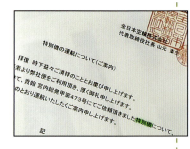

▼特別機も政府専用機と同様に、本務機と予備機の2機体制で運航される。航空会社への運航依頼は、行幸啓先の都道府県が御日程を勘案し、それを受けて宮内庁が手配する。競合路線の場合は競争入札に。

▶空港では、ご訪問先の道府県首長ら関係者によるご挨拶をお受けになる。

お召機ではなく「特別機」。お座席は、プレミアムクラス

両陛下が地方へお出かけになる際のご行程は、ご訪問先の都道府県が勘案し、宮内庁と協議の上、決定される。航空会社の選定については、東京からのルートとなる既定路線が2社以上で運航されている場合は競争入札、単独路線の場合はその1社へ特別機の運航が依頼される。両陛下が全日空の特別機にご搭乗になったのは、この30年間で行事数にして、海外へ1回、国内へは54回であった。海外の1回は平成27年にパラオ国を御訪問（友好親善及び慰霊）された時で、パラオ国際空港の滑走路長が政府専用機（ボーイング747型機）に対応していなかったため、全日空の「ボーイング767-300型機」により運航された。国内の場合、近年では「ボーイング737-800型機」が多く運用されるが、平成26年の伊豆大島へは「ボーイング737-700型機」が使用された。平成24年以前は、「エアバスA320型機」が活躍したこともあった。特別機の「貸し切り飛行料金」は、運賃のほかに特別機を回送する空輸料金が加算される。たとえば特別機がA空港→B空港と飛行した場合、B空港→A空港への回送料金＝空輸料金が発生する。これは鉄道にはない運賃の仕組みである。また、空港での着陸料や航行援助施設使用料は免除になる。これは全日空に限ったことではなく、各航空会社に共通している特別機ならではの処遇である。お座席は、プレミアムクラスをご使用になり、ご接遇は客室乗務員が行う。機内食の献立や食器類は、事前に宮内庁と相談により決められる。特別機の機首に掲出される日章旗は、操縦席の非常脱出用の窓を開けて特別機の証として掲出される。ただし、地上にいる間だけに限られる。

❖ お召機 日本航空（JAL）特別機

戦後、昭和28年から66年にわたり皇室の空の旅を支えている日本航空。
政府専用機が誕生するまでは、海外ご訪問の特別機も担っていた。
合併前の日本エアシステムも特別機を運航した。

 ### 北は北海道利尻島から南は沖縄県与那国島まで、日本全土を行き来した特別機。

使用機材はB737-800をはじめ離島向けのQ400、E170までを駆使

日本航空の特別機は、主要路線はもとより離島にも既定路線があるため、特別機の就航率は高い。日本エアコミューターや日本トランスオーシャン航空、ジェイエアといったグループ会社の存在も大きい。両陛下のこの30年間の搭乗回数は、合併前の日本エアシステム分とを合わせて22回であった。使用機材は、全日空同様にボーイング「737-800型機」が最近の主流で、離島運用にはボンバルディア「Q400型機」やエンブラエル「E170機」が活躍する。このQ400とE170は、機体構造上の理由から特別機の証である日章旗の掲出が行えない。お座席は、クラスJをご使用になるが、同クラスを備えない機材の時は普通席をご使用になる。機内でのご接遇についても、他社同様に客室乗務員が行う。機内食の献立や食器類についても同様である。運賃や空輸料金をはじめ、空港での免除制度も他社と同様の扱いである。特別機に随行する報道関係者の運賃については、貸し切り飛行料金に含まれるため、その分担金として、同区間の営業路線料金（正規料金）を搭乗人数分だけ宮内庁が徴収して精算している。これも他社と同じ扱いである。

宮内庁からの運航依頼についても、各航空会社一様に通知があるが、その回答は「特別機の運航について（ご案内）」として航空会社らしい丁寧な文書で出される。これには運航スケジュール（年月日、時刻、空港名、便名）と使用する機材が記載される。便名（フライトナンバー）は、航空会社によりまちまちであるが、JL4901、JL4902等同じ数字を固定使用していることが多い。

▲使用する空港や機材によって、タラップやボーディングブリッジを使い分ける。羽田空港だけはＶＩＰ専用の施設を使用する。そこにはボーディングブリッジがないためタラップを使用する。◀航空会社から宮内庁へ提出される見積書（その一部分）の写し。

▼直接航空機へ搭乗される場合と、搭乗ゲートを利用される場合がある。

❖ お召機 陸海空　自衛隊のお召機

被災地へのお見舞いや小笠原諸島へのご訪問等、
陸・海・空、それぞれの機動力を発揮し、両陛下のご活動をサポートする。
昭和天皇は、自衛隊ヘリで移動されたことも。

陸自の政府専用ヘリコプターを多用。
海自の水陸両用飛行艇にご搭乗されたことも。

**被災地お見舞いなど、
日帰りご日程に適した機材運用**

　皇室が自衛隊の航空機をご使用になったのは、昭和天皇の伊豆大島ご訪問に始まる。昭和62年6月のこと、前年に噴火した伊豆大島三原山の噴火跡御視察、並びに住民お見舞いが目的であった。御静養で訪れていた須崎御用邸のある静岡県下田市から伊豆大島まで陸上自衛隊の政府専用大型輸送ヘリコプターで往路のみ移動された（復路は東海汽船のお召船）。その後も、晩年となった昭和63年8月に政府専用ヘリコプターをご使用になった。これは御静養先の那須御用邸から全国戦没者追悼式への御臨席にあたり、一時的に帰京される際のご負担軽減を目的（通常はお召列車でご移動）としたものだった。那須町と迎賓館赤坂離宮を8月13日往路、18日復路のご日程で搭乗された。この夏の那須での御静養が、昭和天皇最後のお出まし（外出）となった。

　両陛下の自衛隊航空機のご使用は、被災地へのお見舞いに限られる。例外となる平成6年の小笠原諸島御視察を除いては、その重要性と被災した自治体への負担を最小限に留めたいとする日帰りでのご日程という条件を鑑みて、自衛隊機を活用されている。都度のお見舞いには、陸上自衛隊の政府専用大型ヘリコプター（近年ではスーパーピューマ）や航空自衛隊の多用途支援機U4（ガルフストリーム）が使用される。平成6年の小笠原諸島ご訪問時は、空港設備が整っていない島への移動手段として海上自衛隊の水陸両用飛行艇（US-1A）やヘリコプターが活用された。自衛隊機の場合、日章旗の掲出は大型輸送機等に限られ、U4やヘリコプターへの掲出は見られない。もっとも、お見舞いの際は掲出しないものである。

▲硫黄島航空基地へ御到着された両陛下。（平成6年2月12日）

▲航空自衛隊のU4ガルフストリーム。

▲水陸両用飛行機を利用されたのは、平成6年の1回のみ。

▶様々な場面で活躍する、陸海空3自衛隊の航空機。平成6年の小笠原諸島ご視察に際して（羽田空港／H6年2月12日）。

お召機＆お召船

❖ お召機 海上保安庁／警視庁のお召機

海上保安庁のヘリコプターは、海外における輸送任務、
警視庁のヘリコプターは、東京都の島嶼ご訪問でご使用に。
海外は2ヵ国、島嶼は2度の日帰りご訪問へ。

パラオでは海上保安庁巡視船とペアを組み運用。
三宅島は震災と復興状況の御視察のため。

海上保安庁はスーパーピューマ 警視庁はアグスタ式EH101型

両陛下は海上保安庁のヘリコプターにも搭乗されている。それは平成27年4月にパラオ国をご訪問になった時で、目的は友好親善と第二次世界大戦時の犠牲者への慰霊であった。

同国では両陛下の警備に適した宿泊施設がないとの理由から、海上保安庁の巡視船「あきつしま」に宿泊されることになった。滞在中のご移動には、艦載機である大型輸送ヘリコプター・スーパーピューマ「あきたか2号」が使用された。両陛下の海上保安庁ヘリご搭乗は、この時が初となる。続く翌年のフィリピン国招請によるご訪問の時も、この「あきたか2号」が同国内でのご移動に活躍した。

海上保安庁では、このような要人輸送のことを「業務協力」と呼ぶ。パラオでは1泊での運用、フィリピンでは1日だけの運用を行った。「あきたか2号」は、陸上自衛隊が所有する政府専用ヘリコプター(スーパーピューマ)と同型機である。民間の特別機に見られる離発着前後の日章旗の掲出は、いずれの時も行われていない。

警視庁ヘリコプターへのご搭乗は、平成13年の東京都新島、神津島、三宅島へのご訪問と、平成18年の三宅島へのご訪問の2度実施された。いずれも大型ヘリコプター「おおぞら1号」(アグスタ式EH101型)が使用された。1度目は、日帰りで3島をご訪問というハードなスケジュールをこなされた。

警視庁のヘリは、東京ヘリポートに江東飛行センター(警視庁の航空基地)が併設されていることから、2度ともここから離発着している。警視庁ヘリへの日章旗の掲出は、行われていない。

▲海上保安庁のお召機として使用された「あきたか2号 (MH690)」。平成26年8月に巡視船「あきつしま」(平成25年11月就役)の艦載機として、同型の「あきたか1号(MH689)」とともに2機体制で配備された。

▶平成27年4月のパラオ国ご訪問時は、海上保安庁の巡視船とセットでヘリコプターが運用された。

▶警視庁お召機の離発着は、東京ヘリポートが使用される。

❖ お召船 その歴史と背景

皇室で船舶に初めて御乗船になったのは、明治天皇で、二十歳の時だ。
明治4年、濱殿（浜離宮）から「弘明丸（明治3年に京浜間に開業した蒸気船）」に
乗船され、品川沖で日本海軍の軍艦「龍驤艦」に乗り換え、横須賀港へ向かわれた。

日本海軍の歴史と共に、船舶利用も盛んに。
戦後の民間航空機の発展と共にご利用は減少。

▲明治天皇の東北巡幸を描いた錦絵（明治9年）。中央が明治丸。

明治天皇の初乗艦は明治4年、「御召艦」の呼び名も同時に

皇室と船舶のつながりは、明治4年にまで遡る。宮内庁の記録（幸啓録／明治4年）によれば、明治4年11月21日に明治天皇が濱殿（浜離宮）から弘明丸に乗御し、さらに品川沖で「龍驤艦」に乗り換え、途中「艦中防火式」を天覧されたのち横須賀港まで御乗船された。これ以前の船舶に関する記録はなく、明治5年4月に御召艦「龍驤艦」で浜離宮から浦賀まで行かれ「御軍艦を御乗試」され、翌5月からは御軍艦（船名不明）で大阪並びに中国、西国（九州）御巡行へ出発されている。

日本海軍の歴史に関してはここでは割愛するが、海軍の始まりとともに、明治天皇の船舶ご利用も盛んになって行くことになる。「龍驤艦」は明治4年に熊本藩から明治政府に献上されたものとされ、文書には「龍驤艦」「龍驤丸」と表記が混在する。明治8年3月には、新橋から鉄道経由で横浜港から御召艦「龍驤丸」に御乗船し、横須賀造船所で軍艦「清輝号」の船卸式を御覧になっている。この時は5隻で横須賀に向かい、先駆艦（1隻目）が「雲揚丸」、3隻目が御召艦「龍驤丸」、5隻目が「大阪丸」と記録にはある。後に活躍することになる「明治丸」の船名は見あたらなかった。これ以後、終戦までは海軍によって御召艦が運航される時代が長く続くが、戦後の昭和29年になると皇室でも航空機のご利用が始まり、船舶のご利用は一気に衰退してゆく。

昭和天皇は、戦後の御巡幸でも多くの船に乗られた。その後の地方ご訪問でも時折船舶をご利用になり、葉山御用邸では小型船「はやま丸」にご乗船になり、駿河湾の水中生物採集をなさった。

龍驤丸▲と船舶を初めて利用した記録が記された幸啓録▼。

▲現存する明治天皇ゆかりの船舶「明治丸」。明治9年に御巡幸先から無事帰港したことにちなみ、7月20日が海の日に制定された。

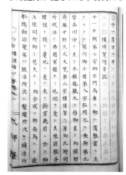

❖お召船 **海上保安庁お召船**

皇室の沿岸警備で、時折目にすることのある海上保安庁。
日常では裏方のイメージが強いが、平成27年の両陛下パラオ国ご訪問では、
海上保安庁が保有する世界最大級の大型巡視船をご宿泊施設として使用された。

巡視艇「まつなみ」は、国賓御接遇でお召船に。
巡視船「あきつしま」は、両陛下のご宿泊施設に。

お召機＆お召船

昭和天皇も海洋生物採集で巡視艇をご使用になっていた

　皇室と海上保安庁と言えば、ご訪問先での沿岸警備やお召船の海上警備が思い浮かぶ。

　昭和の時代には、昭和天皇が海洋生物採集のため葉山御用邸の近海等で海上保安庁の湾内艇や巡視艇をご使用になった。

　戦前は、宮内庁が小型船「葉山丸」を所有していたが、戦中戦後期の下賜や接収を経て、昭和25年から海上保安庁の管理下に入った。これをきっかけに、その後も湾内艇を改造した「はたぐも」や巡視艇「まつしま」（初代）へと引き継がれた。これらの船艇は、昭和天皇の御専用船ではなく、巡視艇業務との兼用船であった。

　両陛下も、皇太子時代に何度か海上保安庁の巡視船をご利用になっている。この30年間では、二度ほど海上保安庁の船舶をご使用になっている。一度目は平成13年3月の国賓御接遇、二度目は平成27年4月のパラオ国での船内御宿泊であった。国賓御接遇は、ノルウェー国王王妃両陛下を神奈川県へご案内した帰路のこと。横須賀市の海洋科学技術センター（現：海洋研究開発機構）から品川区の東京海上保安部専用桟橋まで、巡視艇「まつなみ」をお召船としてご利用になった。この巡視艇「まつなみ」（2代目）は、初代「まつなみ」が昭和天皇の海洋生物採集船を兼ねていたことから、その流れを汲んで「要人の乗船を想定」した貴賓室や会議室を備えている。パラオ国での宿泊施設としてのご利用は、同国内の宿泊施設では警備上に問題が生ずることから、巡視船「あきつしま」へご宿泊することとなった。「あきつしま」は世界最大級の大型巡視船で、従来の巡視船に見られる防弾仕様のほかVIP対応のヘリコプター2機が搭載されている。

▲巡視船「あきつしま」を使用したお召船には、天皇旗は掲出されなかった。

▲要人の乗船を想定して貴賓室を備える巡視艇「まつなみ」

　お召船となった「あきつしま」は、ペリリュー島湾内に錨泊され、ここを基点に両陛下は海上保安庁のヘリで移動された。両陛下の外国ご訪問に海上保安庁の巡視船が使用されたのは初めてのことだった。

　ご宿泊施設として使用するにあたり、船内にはスロープや手すりを設け、船長室を貴賓室に充て、ベッド等の備品類を入れ替えるなど最小限の改装を行った。

　ご船泊中の両陛下へのお食事のご提供については、事前に宮内庁とメニューやお使いになる食器類を打ち合わせ、食材の調達から調理までを海上保安庁（調理担当の船員）が行い、給仕は宮内庁職員が行った。

❖ お召船 フェリー、高速艇、渡船

両陛下の船舶全体としてのご利用は、この30年間で
国内は5回あり、うち3回が民間船舶によるお召船だった。
海外での御乗船は、6回（5ヵ国）ほどあった。

民間船舶は、北海道、徳島、滋賀県で御乗船。
奥尻海峡、瀬戸内海、琵琶湖を巡られた。

北海道　奥尻島へは民間フェリーをご利用に

　平成11年8月、両陛下は民間のフェリーを使用したお召船で奥尻島をご訪問された。平成5年に発生した北海道西南沖地震の災害復興状況の御視察が目的であった。

　お召船は、同島に定期路線を季節運航している東日本海フェリー（現：ハートランドフェリー）の旅客船兼自動車渡船「アヴローラおくしり」（平成29年引退）が使用された。この時が、御即位後国内最初のお召船となった。

　道内瀬棚港と奥尻港を往復し、往路は定期便（混乗）をお召船として、復路は臨時便（チャーター）をお召船として運航した。

　両陛下は船内の特別室をご使用になった。船外のメインマストには天皇陛下が御乗船になっていることを示す「天皇旗」が掲げられた。

　往路は、1時間35分の船旅を楽しまれ、復路は御夕食の時間と重なったため、船内でお食事を召し上がられ、2時間15分の船旅となった。お食事は宮内庁が手配したものを奥尻島から船内へ積み込みしたものだが、残念ながら献立は明らかにされていない。

　後日、船内には御乗船を記念したプレートが取り付けられた。この船は平成29年に引退し、フィリピン国セブ島へ渡り、現地企業へ譲渡されている。

　天皇陛下は、皇太子時代に大型客船にも乗船されているが、両陛下お揃いでこれまでにフェリーに乗船された記録は見あたらない。昭和の時代は民間船よりも海上保安庁の巡視船を御利用されることが多かったからであろう。

▲お見送りする島民へお召船「アヴローラおくしり」からお応えになる天皇皇后両陛下。

▲御即位後国内最初のお召船は東日本海フェリー。

▲船体が大きい船だと、メインマストに掲げられた天皇旗が小さく感じる。

▶特別室は、通常のレイアウトのままお使いになった。

香川県　小豆島へは高速艇、福岡県　玄海島へは市営渡船で

平成16年10月、両陛下は民間の高速艇をご利用になり小豆島をご訪問になった。全国豊かな海づくり大会に併せた地方事情御視察の中でのご訪問となった。

お召船は、小豆島フェリーの高速艇「スーパーマリン2」をご使用になった。往路は高松港から内海港へ、復路は土庄港から高松港へ、いずれも臨時便（チャーター）によるお召船だった。船体の中央のメインマストには、他のお召船同様に天皇旗が掲げられた。

昭和25年の昭和天皇による全国御巡幸で小豆島をご訪問になった時は、関西汽船のお召船をご利用になっている。

平成19年10月には、福岡県玄海島を、市営渡船をご利用になりご訪問された。福岡県西方沖地震被災者ご訪問と災害復興状況の御視察が目的だった。

お召船には、市営渡船「きんいん3」を使用し、天皇旗は艇首へ掲出された。

▲小豆島フェリーの高速艇も、メインマストに天皇旗が掲げられた。

▲小豆島フェリーの高速艇から下船された両陛下にご挨拶する関係者。

◀福岡市営渡船に御乗船される両陛下。島民とのお別れを惜しむようにいつまでもお手振りをされていた。

海外へのご訪問では、王宮漕船や王室お召船等へご乗船

両陛下は、海外ご訪問の中で5か国から計6回の御乗船や船舶行事によるご接遇を受けられた。

それは、平成5年のドイツ、9年のブラジル、12年のスウェーデン、17年のノルウェー、18年のタイで、ご遊覧が3回、船上午餐（御昼食）が2回、ご鑑賞が1回であった。

ブラジルではアマゾン河を御視察になり、スウェーデンでは王宮漕船へ御乗船とシンデレラⅡ世号での御昼食、ドイツではライン川で船上午餐会、ノルウェーでは船上よりトロンハイム市内を御視察、タイでは王室御船パレードをご鑑賞など、船ならではの行事を満喫された。

▲福岡市の市営渡船「きんいん3」によるお召船。天皇旗は、艇首へ掲出された。

お召機＆お召船

❖ お召船 遊覧船、和船

昭和天皇が海洋生物採集等でご使用になっていた和船。
天皇陛下が自ら漕がれた和船は、艪が2つある
「二挺艪(にちょうろ)」と呼ばれるものだ。

 **古くは皇太子時代に十和田湖で御乗船。
観光景勝地をゆく遊覧船もお召船に。**

琵琶湖では遊覧船へ、葉山御用邸前の海辺では和船へ

両陛下は平成19年11月、全国豊かな海づくり大会で訪れた滋賀県の琵琶湖で、遊覧船に御乗船になった。お召船には、琵琶湖汽船の「リオグランデ」が使用され、天皇旗は艇首マストへ掲げられた。航路は、琵琶湖を横断するように大津港桟橋から烏丸半島船着場まで運航された。

天皇陛下は、皇太子時代の昭和26年に十和田湖で遊覧船へ御乗船になった。このほかにも昭和33年に北海道・阿寒湖で遊覧船からマリモを観察された。海外では、昭和28年に西ドイツ(当時)で遊覧船によりライン川下りをされるなど、意外にもその歴史は古い。

和船は、昭和天皇が海洋生物採集用として須崎御用邸や葉山御用邸でご使用になった歴史がある。

天皇陛下もお若い頃に和船を漕がれた経験があり、平成21年9月にも葉山御用邸前の海辺で和船を自ら漕がれた。御静養中、風の強い日や波の高い日を避けて、3日ほど乗られたという。皇后陛下をはじめ、秋篠宮妃殿下と悠仁さまもご一緒に御乗船になり、なんとも微笑ましい出来事であった。

▲皇后陛下、秋篠宮妃殿下紀子さま、悠仁親王殿下が御乗船する和船を漕がれる天皇陛下。

▶烏丸半島船着場にて下船され、関係者とご挨拶される両陛下。

◀両陛下が下船されると速やかに天皇旗が取り外される。

▲琵琶湖汽船「リオグランデ」の艇首マストには天皇旗が掲出され「お召船」を名乗ることが許される。

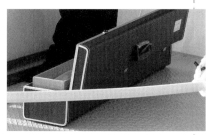

▲小型の船艇では、天皇旗は艇首マストに掲げられる。収納するケースは、中に桐の箱が入った重厚なものだ。

宮内庁書陵部に属する宮内公文書館には、明治以降の宮内省・宮内府・宮内庁が作成又は取得し、同館に移管された特定歴史公文書等が所蔵されている。会計簿冊からは自動車図面を、大正大礼記録と明治天皇御手許資料からは鉄道車両に関する図面を抜粋して掲載した。このほか外務省の公文書からも、大阪万博に関連した自動車資料として防弾貴賓車の図面を掲載した。いずれの図面も縮小掲載していることは、ご容赦いただきたい。

資料編 第6章

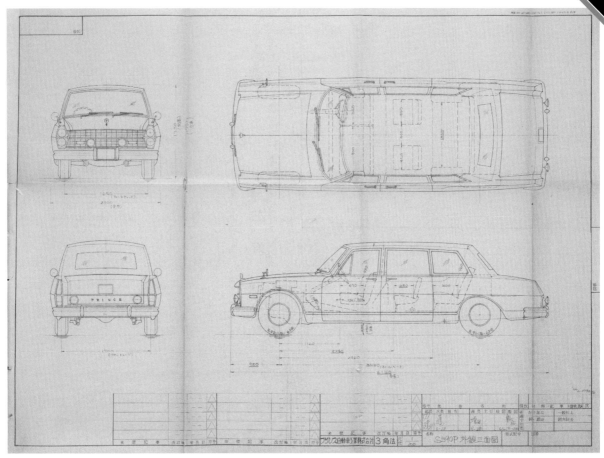

プリンスロイヤル御料車の尺度1/20の車両形式図

▲導入にあたり、宮内庁あてに提出された尺度1/20の車両形式図。社名欄には「プリンス自動車工業株式会社」とあり、日産との合併前に提出されたものであることがわかる。

万博賓客輸送用ロイヤルの車両形式図と特殊仕様説明図

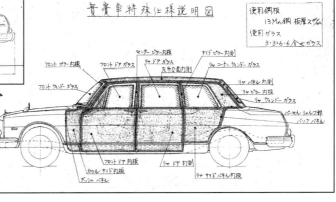

昭和45年に大阪万博の賓客輸送用に外務省が発注した時の車両形式図と特殊仕様説明図。既に日産自動車と合併した後であるため、図面の細部には「NISSAN」の文字が読み取れる。

資料編

大正大礼記録、大礼記録附図より

ここに掲載した図面は、宮内公文書館に収蔵される「大正御大礼」に関する鉄道関係図面（原図）の一部である。
図面は鉄道院が作成し、大礼使（宮内省）あてに提出したもので、半透明の用紙に一枚一枚丁寧にインクで手書き（製図）されている。

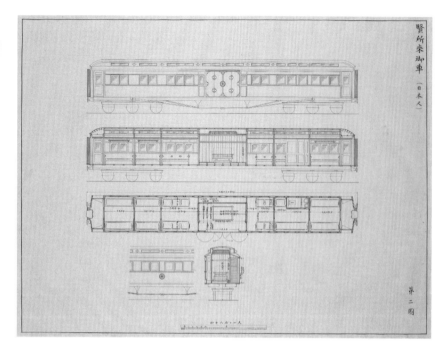

賢所乗御車の車両形式図（日本尺）

大正の御大礼の際に新造された特殊用途御料車。宮中賢所の御神体をお運びするため、大正3年に鉄道院大井工場で製造。神様を輸送するという世界にも類のない車両。

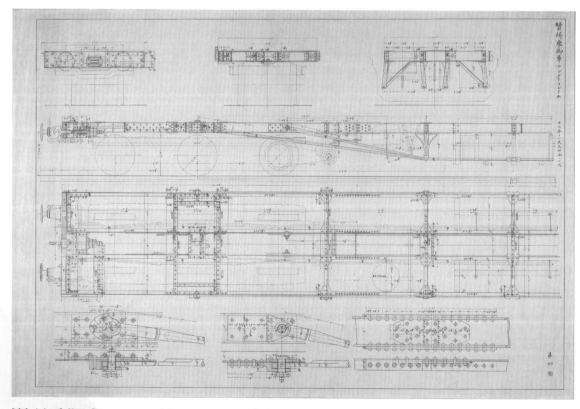

賢所乗御車のアンダーフレーム図

なぜ専門的な図面までもが大礼使（宮内省）あてに提出されたのか疑問が残る。図中には、真空ブレーキ装置が見取れる。

資料編

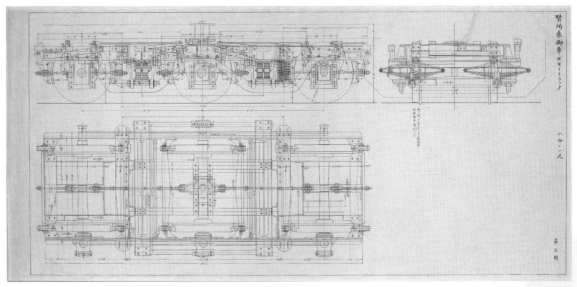

賢所乗御車の台車形式図

アンダーフレーム図と同様に大礼使（宮内省）あてに提出された図面。台車の形式名称は記載されていない。

御羽車模型署図

大正の御大礼は京都御所で行われたが、宮中三殿賢所の御神体を皇居（東京）から鉄道で移御するため賢所乗御車を使用した。御神体は御羽車と呼ばれる輿に載せられ、駅ホームで乗御車へお移しするが、その練習用として御羽車の実物大模型も鉄道院によって製作された。御羽車には車輪はなく、16～32名の八瀬童子によって輿丁奉昇＝担がれ渡御した。

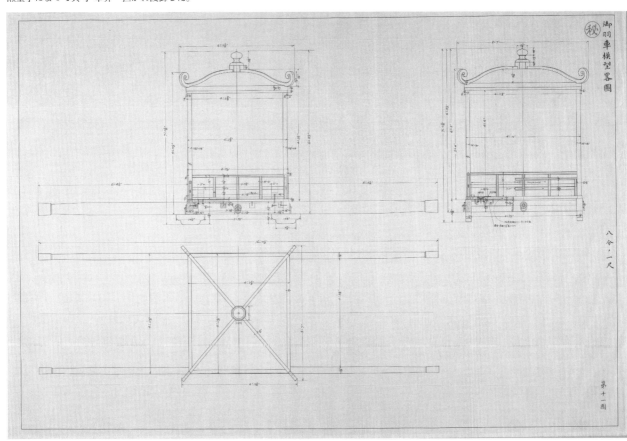

資料編

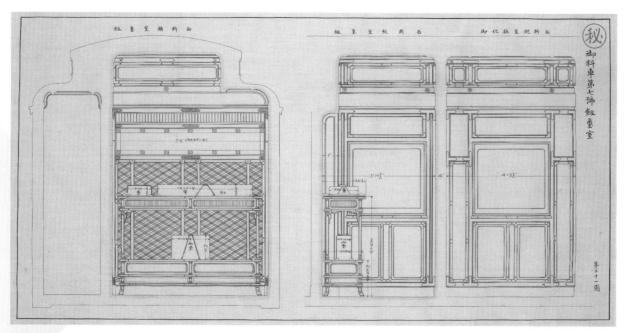

第7号御料車の剣璽奉安室に備わる「御剣璽棚」詳細図

皇位継承の証である剣璽とは、神剣と神璽のことであり、戦前は「剣璽動座」が行われていたため御料車の室内に専用の棚が設けられていた。

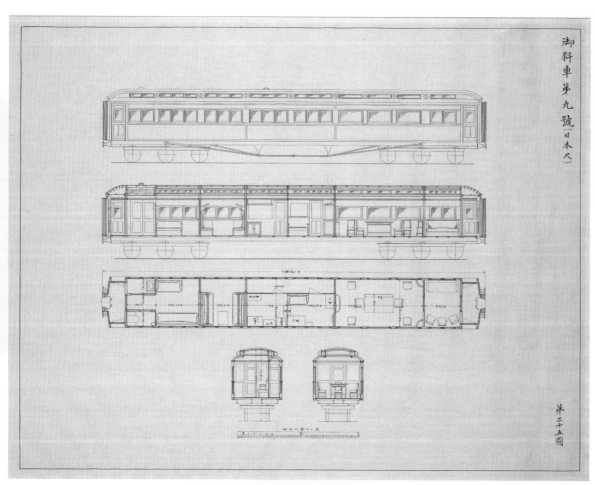

第9号御料車の車両形式図（日本尺）

大正大礼に合わせて第7号御料車とともに大正3年11月に鉄道院新橋工場で製造された「御食堂車」。昭和11年3月に廃車され、現在は鉄道博物館で展示・保存中。

儀装馬車運搬車「シワ117」車両形式図

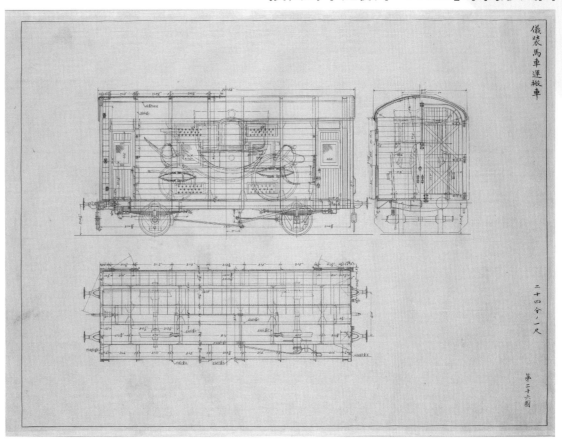

大正大礼で使用される馬車を輸送するために大正4年に宮内省が鉄道院に製造させた私有貨車「シワ117」。

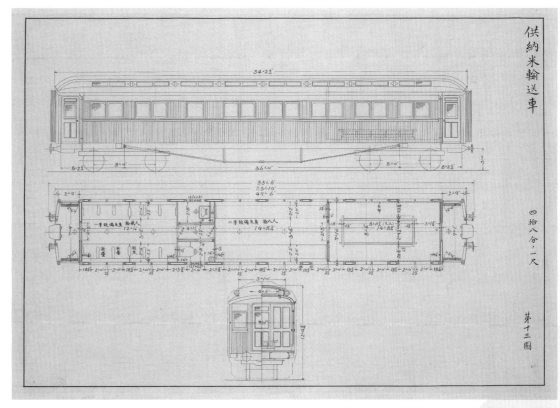

即位の礼に続く「大嘗祭」で使用する新穀（稲）を輸送した専用車両。

供納米輸送車の車両形式図

明治天皇御手許資料より

宮内公文書館に収蔵される明治天皇が御覧になられた資料類の中から、鉄道に関する図面を抜粋した。

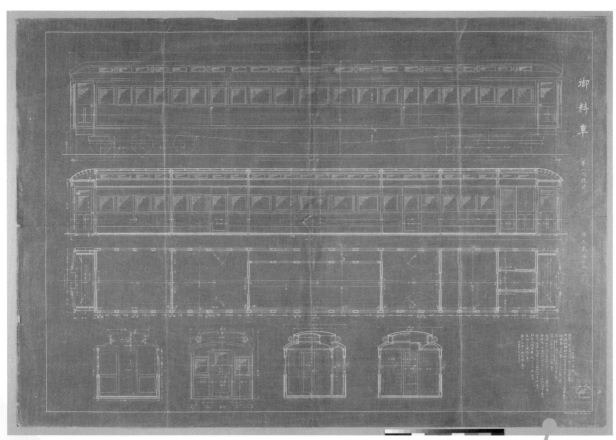

第6号御料車 製作にあたって 要望事項を記した青焼図

明治42年、第6号御料車の製作にあたり、事前にお伺いをたてた要望事項等を記した図面。

右下に記された要望事項は、明治天皇の側近から伝えられたものであろう事柄が、事細かく指示されている。歴代御料車の中でも最も豪華絢爛な造りなだけあって、最新の注意が払われたことが伺える。

宮内公文書館

ストク9010形（9010号）の車両型式図

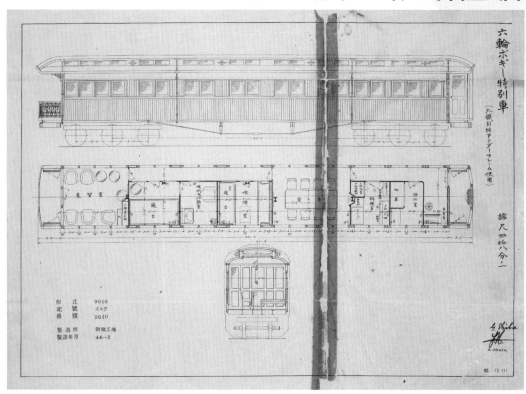

皇室以外の貴賓客（政府高官等）向けの特別車両。明治後期からから大正〜昭和初期まで活躍した。

明治天皇からの要望を受け、加除修正された痕跡が見受けられる。この車両は明治31年に製造され、大正15年に大正天皇の霊柩車に改造。その後も13号と改称され貞明皇后の霊柩車として使用された。

初代3号御料車の車両形式図

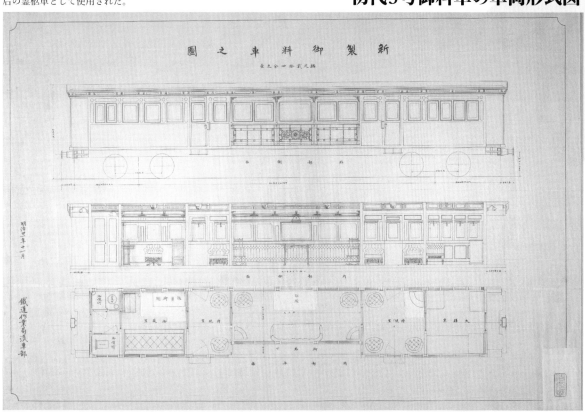

資料編

御料自動車・車歴台帳

平成30年12月現在

登録番号	車両番号	メーカ	車名	型式	車台番号	登録年度	改造年度／用途	抹消年度	備考
－－	旧第1号御料車	英Daimler	Limousine	1912年式	－－	T2.3.10	－－	S2.6.20	S2.9.29 陸軍自動車学校へ寄贈
－－	旧第1号御料車	独ダイムラーベンツ	MercedesBentsSedan	1932年式	－－	S7.6.15	防弾改造（S7陸軍省）	不明	廃車後解体※赤ベンツ770
皇1	旧第1号御料車	日産	プリンスロイヤル	A70	A70-000001	S42.-2.27	－－	S53.-3.23	部品取り用　廃棄時期不明
皇1	旧第1号御料車	〃	プレジデント	E-H252改	H252-018000	H-1.-3.17	－－	H-8.-3.19	解体処分
皇1	旧第1号御料車	トヨタ	センチュリー	E-VG45	VG45-004153	H-8.-3.25	－－	H18.-2.-1	解体処分
皇1	第1号御料車	〃	センチュリーロイヤル	GZG51	東[41]61111東	H18.-7.-7	－－	現在使用	※車台番号＝職権打刻
－－	旧第2号御料車	英Daimler	LimousineLandaulette	1912年式	－－	T2.3.10	－－	S2.6.20	S2.9.29 陸軍造兵廠寄贈
－－	旧第2号御料車	独ダイムラーベンツ	MercedesBentsSedan	1932年式	－－	S7.6.15	防弾改造（S7陸軍省）	不明	戦災消失※赤ベンツ770
皇2	旧第2号御料車	日産	プリンスロイヤル	A70	A70-000002	S42.-7.19	S56.-3.25／寝台車	H20.9.29	（寝台設備付）宮内庁保存
皇2	第2号御料車	トヨタ	センチュリーロイヤル	GZG52	東[41]81205東	H20.9.26	－－	現在使用	（病患輸送車）
－－	旧第3号御料車	Rolls-Royce	Limousine	1920年式	－－	T10.9.15	－－	不明	解体処分
皇3	旧第3号御料車	日産	プリンスロイヤル	A70	A70-000003	S43.-9.16	－－	H19.8.28	宮内庁保存
皇3	第3号御料車	トヨタ	センチュリーロイヤル	GZG51	東[41]71131東	H19.9.14	－－	現在使用	
－－	旧第4号御料車	Rolls-Royce	Limousine	1920年式	－－	T10.9.15	－－	不明	解体処分
皇4	欠番								
－－	旧第5号御料車	独ダイムラーベンツ	MercedesBentsSedan	1932年式	－－	S7.10.10	－－	S44年度	宮内庁保存※赤ベンツ770
皇5	旧第5号御料車	日産	プリンスロイヤル	A70	A70-000007	S44.12.17	－－	H20.3.3	特装車（防弾車）宮内庁保存
皇5	第5号御料車	トヨタ	センチュリーロイヤル	GZG51	東[41]8144東	H20.3.11	－－	現在使用	
－－	旧第6号御料車	独ダイムラーベンツ	MercedesBentsSedan	1933年式	－－	S8.12.26	ランドーレット改造（時期不明）	不明	解体※赤ベンツ770
－－	旧第6号御料車	米ゼネラルモータース	キャデラック・セブンティファイブ	1950年式	5075-86017	S26.2.1	S33.3.31 第11号特別車から改称	S45.1.17	S33.3.27 皇6登録　解体処分
皇6	第6号御料車	日産	プリンスロイヤル	A70	A70-000008	S47.-3.24	－－	H20.4.22	特装車（防弾車）宮内庁保存
－－	旧第7号御料車	英デムラー	リモチーン	1920年式	－－	T9.8.11	貴賓車→特殊構装改造	S8.12.4	S8.12.21 車：陸軍兵器局無償譲渡
－－	旧第7号御料車	独ダイムラーベンツ	MercedesBentsSedan	1935年式	－－	S10.4.19	旧第2号に改番（時期不明）	S44年度	宮内庁保存※赤ベンツ770
皇7	旧第7号御料車	英デムラー	箱型リムヂン	1953年式	車体番号52840	S28.8.26	S33.3.31 第15号特別車から改称	S62.2.25	S43.3.25 特別車3号（寝台車）へ改造　宮内庁保存
皇7	旧第7号御料車	日産	キャラバン（チェアキャブ）	FHGE24改	FHGE24-000155	S62.-3.-3	－－	H12.-9.12	車椅子用リフト、同固定装置付　解体処分
皇7	旧第7号御料車	トヨタ	センチュリー	GZG50	GZG50-0007985	H19.3.6	－－	H27.3.13	解体処分
皇7	第7号御料車	トヨタ	センチュリー	GZG50	不開示	H27.3.13	－－	現在使用	
－－	旧8号御料車	英デムラー	リモチーン	1920年式	－－	T10.4.11	貴賓車→特殊構装改造	S8.12.4	S8.12.21 車：陸軍兵器局無償譲渡
－－	旧8号御料車	独ダイムラーベンツ	MercedesBentsSedan	1935年式	－－	S10.4.19	－－	S44年度	Mercedes-BenzMuseum※赤ベンツ770
皇8	旧8号御料車	ロールスロイス	シルバーレース	1957年式	FLW90	S32.9.27	S33.3.31 第10号特別車から改称	S62.2.25	S33.3.27 皇8登録、宮内庁保存
皇8	旧8号御料車	日産	キャラバン（チェアキャブ）	FHGE24改	FHGE24-000173	S62.-3.-3	－－	H-4.-2.17	車椅子用リフト、同固定装置付
皇8	旧8号御料車	日産	シビリアン（チェアキャブ）	RYW40	RYW40-010561	H-4.-2.26	車椅子対応車	H12.-9.12	マイクロバス（香淳皇后）
皇8	旧8号御料車	トヨタ	センチュリー	DBA-GZG50	GZG50-0007485	H18.-2.-8	－－	H26.3.10	解体処分
皇8	第8号御料車	トヨタ	センチュリー	GZG50	不開示	H26.3.10	－－	現在使用	
－－	旧第9号御料車	独ダイムラーベンツ	MercedesBentsSedan	1935年式	－－	S10.2.24	ランドーレット改造（時期不明）	不明	解体※赤ベンツ770
皇9	旧第9号御料車	ロールスロイス	ファンタムV	1961年式	5LBV91	S36.3.31	－－	H2.5.11	宮内庁保存
皇9	旧第9号御料車	日産	プレジデント	E-JHG50	JHG50-000148	H-3.-3.25	－－	H15.-8.19	解体処分
皇9	旧第9号御料車	トヨタ	センチュリー	GZG-50	GZG50-0006163	H15.-8.26	－－	H23.1.20	解体処分
皇9	旧第9号御料車	トヨタ	センチュリー	GZG-50	GZG50-0008894	H23.1.21	－－	現在使用	
－－	旧第10号御料車	英デムラー	リモチーン	1921年式	－－	T10.10.4	貴賓車→御料車 座席7(6)	S8.12.4	S8.12.21 車：陸軍兵器局無償譲渡
－－	旧第10号御料車	ロールスロイス	ファンタムV	1963年式	5LVA29	S38.4.11	－－	H-2.9.20	宮内庁保存
皇10	旧第10号御料車	ロールスロイス	E－RDコーニッシュIII	E-RD	SCAZD02A4MCH30350	H-2.-9.25	H2.11.16 総理府→宮内庁	管理替え	オープンカー御料車　宮内庁保存
皇10	旧第10号御料車					H-3.-2.-6		H19.3.29	
品川3て241	（万博賓客用）	日産	プリンスロイヤル	A70	A70-000005	S45.-2	S62登録抹消→平成5年度外務省から宮内庁経由日産へ	S62年度登録抹消	外務省貴賓車　特装車（防弾車）日産য়安工場動態保管
品川3て240	（万博賓客用）	日産	プリンスロイヤル	A70	A70-000006	S45.-2	一時抹消登録後、日産へ譲渡	S46.12.23	外務省貴賓車　特装車（防弾車）
皇11	旧第11号御料車	〃	〃	〃	〃	S53.-3.24	日産から旧皇1と代替購入	H20.4.30	特装車（防弾車）宮内庁保存
－－	旧第12号御料車	英デムラー	リモチーン	1923年式	－－	T12.12.29	貴賓車→御料車 座席7(6)	S10.6.13	S11.4.1 車台売却（山鹿）
皇12	旧第12号御料車	トヨタ	センチュリー	E-VG40改	VG40-0137	H-1.12.22	－－	H10.9.25	解体処分
皇12	旧第12号御料車			GZG-50	GZG50-0003144	H10.10.-6		H19.2.26	解体処分
皇13	欠番								
皇14	旧第14号御料車	トヨタ	センチュリー	VG20-E	VG20-11821	H5.4.15	S45.2.28登録 東宮第17号特別車から改称	H7.2.27	皇14のまま一時抹消登録　解体処分
皇14	旧第14号御料車	トヨタ	センチュリー	E-VG45改	VG45-003634	H7.7.12	H7.3.7登録 第1号特別車から改称	H9.4.17	改造：懸架装置（特殊仕様※防弾車）
皇14	旧第14号御料車					H14.9.9	第1号特別車から改称	H17.7.27	第1号特別車へ改称　現存

※日産プリンスロイヤルA70-000004は欠番。
※メーカー名、車名等の文字列については、当時の文書の書きぶりをそのまま記載した。
※備考の空欄は特記事項なし

【御料自動車／車歴台帳】 解説

　この表は、大正2年から平成30年12月に至るまで御料車として登録された自動車を歴代ごとにまとめたものである。記載したデータは調べられる限りを網羅したが、戦前期のものについては文書が戦災等で焼失したものもあり全てを明らかにすることはできなかった。
　貴賓車や特別車として初度登録された車両であっても、御料車として一時登録または登記変更した車両については調査の限り記載した。旧御料車のうち現在でも保存（保管）されているものは、その旨を備考欄に記載した。

　文中の元号は、ローマ字読みの頭文字の一字を省略記載した。メーカー名や車名等のカタカナ表記は、その書きぶりから歴史の一端を感じられることから当時の文書のままとした。現役の車両は、犯罪の予防や公共の安全と秩序の維持を理由に一部不開示としている項目もある。
　日産プリンスロイヤルのうち外務省に納入された貴賓車2台については、御料車との関連性から併記することとした。登録と抹消の年月日については、車検証や一時抹消登録証の日付を優先し、ないものについては宮内庁の簿冊類に記録された日付を記載した。

お召列車・御乗用列車等（鉄道）運転記録

平成年度 お召列車・御乗用列車等（鉄道）運転記録簿

年度	運転月日	事業者	御発駅	(時刻)	御着駅	(時刻)	列車名／列車番号	使用編成	行事・目的等	記事
元年	8月18日	JR東日本	原宿	9:50	黒磯	12:05	お召列車／臨お召	185系6B＋クロ157形1B	皇太后陛下(香淳皇后)栃木県行啓	那須御用邸御静養
	8月26日		上野	10:12	那須塩原	11:13	臨時やまびこ131号／9131B	200系12B	栃木県行幸啓(那須御用邸御静養)	
	8月31日		黒磯	13:52	原宿	16:06	お召列車／臨お召	185系6B＋クロ157形1B	皇太后陛下(香淳皇后)栃木県還啓	那須御用邸御静養
	9月3日		那須塩原	14:07	上野	15:08	臨時やまびこ136号／9136B	200系12B	栃木県行幸啓(那須御用邸御静養)	
2年	4月21日	JR東海	東京	9:50	京都	12:30	ひかり215号／215A	(定期列車混乗)	京都府及び大阪府行幸啓(花と緑の博覧会場御視察及び第1回「みどりの愛護」つどいご臨席)	
	4月22日		京都	15:56	新大阪	16:12	臨時ひかり337号／8337A	(臨時列車)		
	4月24日		新大阪	15:00	東京	17:56	ひかり240号／240A	(定期列車混乗)		
	7月21日	JR東日本	青森	16:40	三沢	17:26	お召列車(はつかり24号)／1024M	(定期列車混乗)	青森県行幸啓(第10回全国豊かな海づくり大会ご臨席)	
	7月22日		三沢	17:03	青森	17:56	お召列車(はつかり15号)／1015M	485系9B(サロ481-1052)		
	7月23日	JR北・東	青森	9:12	竜飛海底	10:01	お召列車／9001M	485系9B(サロ481-1052)		青函トンネルご視察
		青函トンネル記念館	体験坑道	11:04	記念館	11:11	ケーブルカーお召	セイカン1形(もぐら号)		
			記念館	13:15	体験坑道	13:24				
		JR北・東	竜飛海底	13:44	青森	14:37	お召列車／9002M	485系9B(サロ481-1052)		
	8月7日	JR東日本	新宿	10:28	中軽井沢	12:48	そよかぜ91号／9001M	185系7B(グリーン車以外御乗扱い)	長野県行幸啓(軽井沢御静養)	※御乗用列車扱い
	8月12日		中軽井沢	12:56	新宿	15:26	そよかぜ92号／9002M			
	8月17日		原宿	9:49	黒磯	11:53	お召列車／臨お召	185系6B＋クロ157形1B	皇太后陛下(香淳皇后)栃木県行啓	那須御用邸御静養
	8月19日		上野	10:04	那須塩原	11:12	臨時あおば235号／9235B	200系12B	栃木県行幸啓(那須御用邸御静養)	
	8月26日		那須塩原	14:07	上野	15:08	臨時やまびこ140号／9140B			
	9月3日		黒磯	13:52	原宿	16:00	お召列車／臨お召	185系6B＋クロ157形1B	皇太后陛下(香淳皇后)栃木県還啓	那須御用邸御静養
	11月26日	JR東海	東京	11:56	名古屋	13:45	臨時ひかり307号／9307A	(臨時列車混乗)	三重県行幸啓(即位礼及び大嘗祭後神宮に親謁の儀)	車中御昼食
		近鉄	近鉄名古屋	14:05	宇治山田	15:24	お召列車	21000系6B(UL11)		
	11月28日		宇治山田	14:40	近鉄名古屋	16:05				
		JR東海	名古屋	16:21	東京	18:16	ひかり242号／242A	(定期列車混乗)		
	12月1日		東京	12:36	京都	15:14	臨時ひかり309号／9309A	(臨時列車混乗)	奈良県及び京都府行幸啓(即位礼及び大嘗祭後神武天皇山陵、孝明天皇山陵及び明治天皇山陵に親謁の儀)	車中御昼食
		近鉄	近鉄京都	15:22	近鉄奈良	15:57	お召列車	21000系6B(UL11)		
	12月2日		近鉄奈良	9:50	橿原神宮前	10:16				
			橿原神宮前	12:37	近鉄京都	13:24				
	12月4日	JR東海	京都	9:37	東京	12:20	臨時ひかり272号／9272A	(臨時列車混乗)		
3年	4月26日	JR東・伊豆急	東京	14:20	伊豆急下田	17:17	臨時踊り子191号／9101M	185系7B	静岡県行幸啓(須崎御用邸御静養)	
	4月30日		伊豆急下田	9:09	東京	11:46	臨時踊り子192号／9102M			
	5月25日	JR東海	東京	10:00	京都	12:34	ひかり217号／217A	(定期列車混乗)100系	京都府行幸啓(第42回全国植樹祭御臨場)	
	5月26日	JR西日本	京都	9:49	宇治	10:06	お召列車	485系6B＋サロ489形1B		
		近鉄	近鉄山田川	16:45	近鉄京都	17:10	お召列車	21000系4B(UL11)		
	5月27日	JR西日本	二条	9:46	亀岡	10:00	お召列車	485系6B＋サロ489形1B		
			園部	16:55	二条	17:21				
	5月29日	JR東海	京都	11:21	東京	14:00	臨時ひかり304号／9304A	(臨時列車混乗)100系2FG		
	8月16日	JR東日本	東京	10:16	那須塩原	11:31	あおば209号／209B	(定期列車混乗)	栃木県行幸啓(那須御用邸御静養)	
	8月19日		原宿	9:53	黒磯	11:59	お召列車／臨お召	185系6B＋クロ157形1B	皇太后陛下(香淳皇后)栃木県行啓	那須御用邸御静養
	8月21日		那須塩原	13:48	東京	15:04	あおば212号／212B		栃木県還幸啓(那須御用邸御静養)	
	9月3日		黒磯	13:50	原宿	15:54	お召列車／臨お召	185系6B＋クロ157形1B	皇太后陛下(香淳皇后)栃木県還啓	那須御用邸御静養
	10月13日	JR西日本	金沢	10:01	羽咋	10:35	お召列車	485系6B＋サロ489形1B	石川県行幸啓(第46回国民体育大会)	
	10月14日		七尾	9:33	福井	11:21				
	10月26日	JR東海	東京	10:00	名古屋	11:49	ひかり217号／217A	(定期列車混乗)	愛知県及び岐阜県行幸啓(第11回全国豊かな海づくり大会ご臨席)	
	10月28日		名古屋	14:40	高山	17:07	ひだ11号／1031D			
	10月29日		高山	13:30	岐阜	15:27	ひだ10号／30D			
	10月30日		岐阜羽島	15:13	東京	17:20	臨時ひかり320号／9320A	(臨時列車)		
4年	3月9日	JR東・伊豆急	原宿	12:54	伊豆急下田	15:58	お召列車	185系6B＋クロ157形1B	皇太后陛下(香淳皇后)静岡県行啓	須崎御用邸御静養
	3月19日		伊豆急下田	13:15	原宿	16:21				
	7月17日	JR東・伊豆急	東京	15:20	伊豆急下田	18:11	臨時スーパービュー踊り子91号／9101M	251系(RE3)10B	静岡県行幸啓(須崎御用邸御静養)	
	7月21日		伊豆急下田	13:19	東京	16:04	臨時スーパービュー踊り子92号／9102M			
	8月19日		原宿	13:50	黒磯	15:56	お召列車／臨お召	185系6B＋クロ157形1B	皇太后陛下(香淳皇后)栃木県行啓	那須御用邸御静養
	8月24日		東京	10:18	那須塩原	11:32	あおば209号／209B	(定期列車混乗)	栃木県行幸啓(那須御用邸御静養)	
	8月31日		那須塩原	14:47	東京	16:04	あおば214号／214B			
	9月4日		黒磯	13:46	原宿	15:54	お召列車／臨お召	185系6B＋クロ157形1B	皇太后陛下(香淳皇后)栃木県還啓	那須御用邸御静養
	9月5日	JR東日本	新宿	9:15	松本	12:14	臨時あずさ91号／9001M	(臨時列車)	長野県行幸啓(地方事情ご視察)	
	9月7日		上諏訪	16:04	原宿	18:37	臨時あずさ90号／9002M			
	10月3日		東京	9:28	山形	12:17	つばさ115号／115B〜115M	(定期列車混乗)	山形県及び宮城県行幸啓(第47回国民体育大会秋季大会ご臨場)	方向幕白幕、特急サボ揚出
	10月6日		山形	11:10	仙台	12:42	お召列車	485系6B＋サロ489形1B ※サロ4号車		
	10月7日		鹿島台	15:58	仙台	16:26	お召列車			
			仙台	16:47	東京	18:44	やまびこ18号／4018B	(定期列車混乗)200系		2階建G車御乗用
	11月7日		蘇我	15:24	勝浦	16:22	臨時わかしお71号／9071M	183系9B	千葉県及び茨城県行幸啓(第12回全国豊かな海づくり大会ご臨席)	
	11月9日		勝浦	14:00	蘇我	14:56	臨時わかしお72号／9072M			2号車サロ御乗用
5年	5月12日	西武鉄道	西武池袋	10:10	西武秩父	11:30	お召列車	5000系(5507F)6B	埼玉県行幸啓(地方事情ご視察)	飯能(折返し)10:50〜52
	5月13日	秩父鉄道・JR東	長瀞	9:43	上尾	10:45	お召列車／臨お召	185系(B1)7B		熊谷10:23〜25
	8月18日	JR東日本	原宿	13:53	黒磯	15:55	お召列車／臨お召	185系6B＋クロ157形1B	皇太后陛下(香淳皇后)栃木県行啓	那須御用邸御静養
	9月8日		黒磯	13:46	原宿	15:54				
	9月15日	ドイツ鉄道	ローランドエッグ	10:30	ビンゲン	11:35	ドイツ鉄道特別列車	不明	ヨーロッパ諸国訪問	※現地時間
	10月25日	JR四国	徳島	14:20	高松	15:30	うずしお14号／5074D	(定期列車混乗)	徳島県及び香川県行幸(第48回国民体育大会秋季大会ご臨場)	
	11月7日	JR四国	伊予市	15:57	新居浜	17:17	お召列車	8000系5B	徳島県行幸啓(第48回国民体育大会)	

※記事の空欄は特記事項なし

【お召列車・御乗用列車等(鉄道)運転記録】 解説

　この表は、平成の30年間に運転した「お召列車」「御乗用列車」など天皇皇后両陛下の鉄道ご利用履歴をまとめたものである。宮内庁及び鉄道事業者では、列車番号、車両形式及び編成を【不開示】としており、表中には周知の事実のみを記載した。運転時刻は計画された時刻を基本とするが、実際の御発着時刻(記録時刻)を記したものもある。お召列車と御乗用列車の区別は、時代の変遷とともに変化しており、次の流れを組む。昭和の時代は、天皇皇后両陛下が御乗用になる列車は公私の別はなく、全てお召列車であった。平成に入り、公的な行事ではお召列車、御静養など私的なご旅行は御乗用列車と区別していたこともあったが、近年では公私に関わらずお召列車とする傾向にある。このため、その時代ごとの呼び方を尊重して表中には記載した。なお、「お召列車」「御乗用列車」の名称は、宮内庁が鉄道事業者に対して発出する運転依頼文書に記載される名称によって決まるので、定義は無いに等しい。

資料編

年度	運転月日	事業者	御発駅（時刻）		御着駅（時刻）		列車名／列車番号	使用編成	行事・目的等	記事
6年	3月28日	JR東海	名古屋	13:24	東京	15:14	臨時ひかり287号／9287A	（臨時列車）	三重県行幸啓（神宮ご参拝）	
		近鉄	近鉄名古屋	15:36	宇治山田	16:59	お召列車	（臨時専用列車）		
	3月29日		宇治山田	16:00	近鉄名古屋	17:29	お召列車	（臨時専用列車）		
		JR東海	名古屋	15:36	東京	16:59	臨時ひかり286号／9286A	（臨時列車）		
	4月12日	JR東海	東京	10:14	静岡	11:11	臨時ひかり357号／9357A	（臨時列車）	静岡県行幸啓（地方事情ご視察）	
	4月15日		浜松	10:16	三島	11:24	臨時こだま530号／9530A			
			三島	16:05	東京	17:00	臨時こだま532号／9532A			
	5月21日	JR西日本	岩美	13:43	浜坂	14:00	お召列車	DD511186+DD511107 +サロンカーなにわ5B	鳥取県及び兵庫県行幸啓（第45回全国植樹祭ご臨席）	日章旗・御紋章なし（機関車） ※22日予備ダイヤは21日特別機欠航の場合
	5月22日		鳥取		浜坂		お召列車／予備ダイヤ			
	5月23日		竹田	14:15	姫路	15:21	お召列車			
		JR西・JR海	姫路	15:31	東京	18:56	臨時ひかり58号／9058A	（臨時列車）		
	7月18日	JR東・伊豆急	東京	14:00	伊豆急下田	16:38	臨時踊り子91号／9001M	185系7B	静岡県行幸啓（須崎御用邸御静養）	
	7月22日		伊豆急下田	14:10	東京	16:59	臨時踊り子92号／9002M			
	8月25日	JR東日本	東京	10:18	那須塩原	11:31	あおば207号／207B	（定期列車混乗）	栃木県行幸啓（那須御用邸御静養）	
	8月30日		那須塩原	15:46	東京	17:03	あおば212号／212B			
	10月26日	JR東海	東京	10:14	米原	12:29	臨時ひかり287号／9287A	（臨時列車）	滋賀県及び愛知県行幸啓（第49回国民体育大会秋季大会ご臨場）	
	10月28日		京都	11:21	名古屋	12:03	臨時ひかり282号／9282A			
	10月30日		三河安城	14:47	東京	17:35	臨時こだま480号／9480A			
	11月7日		東京	10:14	京都	12:49	臨時ひかり293号／9293A		京都府行幸啓（平安建都1200年記念式典ご臨席）	
	11月9日		京都	15:23	東京	18:00	臨時ひかり290号／9290A			
	11月18日	JR西日本	益田	9:53	浜田	10:42	お召列車	DD511186+DD511177 +サロンカーなにわ5B	島根県及び山口県行幸啓（第14回全国豊かな海づくり大会ご臨席）	日章旗・御紋章なし（機関車） ※19日予備ダイヤは17日特別機欠航、18日取止めの場合
	11月19日		益田		東萩		お召列車／予備ダイヤ			
			浜田	9:56	東萩	11:50	お召列車			
7年	7月7日	JR東・伊豆急	東京	10:30	伊豆急下田	13:18	臨時踊り子91号／9001M	185系7B	静岡県行幸啓（須崎御用邸御静養）	
	7月14日		伊豆急下田	14:10	東京	16:59	臨時踊り子92号／9002M			
	10月11日	JR東日本	東京	10:18	宇都宮	11:14	あおば209号／209B	（定期列車混乗）	栃木県及び福島県行幸啓（第50回国民体育大会秋季大会ご臨席）	
	10月13日		宇都宮	9:51	福島	10:39	臨時やまびこ65号／8065B	（臨時列車）		
	10月15日		郡山	16:09	東京	17:36	やまびこ46号／46B	（定期列車混乗）		
	11月12日	JR九州	宮崎	9:55	油津	10:53	お召列車	キハ185系4B	長崎県及び宮崎県行幸啓（第15回全国豊かな海づくり大会ご臨席）	
	11月13日		串間	13:35	運動公園	15:02				
8年	4月23日	JR東日本	原宿	9:56	甲府	11:52	臨時スーパーあずさ91号／9001M	E351系8B	山梨県行幸啓（地方事情ご視察）	
	4月25日		上野原	16:52	原宿	18:05	臨時スーパーあずさ92号／9002M			
	6月17日		東京	—	宇都宮	—	（東北新幹線）		栃木県行幸啓（地方事情ご視察）、紀宮殿下19日御同伴	ご都合によりお取りやめ（6/12付） ※天皇陛下お風邪
	6月19日	JR東日本	日光	—	宇都宮	—	臨時特急／9001M	185系7B		
			宇都宮	—	東京	—	（東北新幹線）			
	7月23日		東京	10:24	那須塩原	11:26	やまびこ125号／2125B	（定期列車混乗）	栃木県行幸啓（那須御用邸附属邸ご滞在及び宇都宮市、御料牧場、日光市ご視察）	
	7月29日		那須塩原	14:32	東京	15:48	なすの250号／250B			
	8月16日	JR東・伊豆急	東京	10:30	伊豆急下田	13:18	臨時スーパービュー踊り子91号／9001M	251系（RE3）10B	静岡県行幸啓（須崎御用邸御静養）	
	8月23日		伊豆急下田	13:04	東京	15:42	臨時スーパービュー踊り子92号／9002M			
	9月16日	のと鉄道	和倉温泉	9:29	珠洲	11:28	お召列車／臨お召	DE101032+DE101035 +サロンカーなにわ4B	石川県行幸啓（第16回全国豊かな海づくり大会ご臨席）	日章旗・御紋章なし（機関車）
	10月23日		東京	10:36	宇都宮	11:32	なすの235号／235B	（新幹線お召列車（定期列車混乗）・200系）	栃木県行幸啓（地場産業等ご視察、ベルギー国国王妃両陛下［国賓］・同国皇太子殿下ご案内）	※国賓往路別行程 国賓御乗用
	10月24日	JR東日本	宇都宮	9:20	宇都宮	9:48	やまびこ119号／119B			
			小山	10:13	足利	10:55	お召列車／9001レ	EF5861+御料車1号編成		1号編成：平成初運用
			足利	15:00	小山	15:41	お召列車／9002レ			
			小山	15:50	東京	16:32	新幹線お召列車	200系（H）16B		2Fグリーン車（10号車）
9年	5月17日	JR東日本	東京	10:12	白石蔵王	12:10	やまびこ123号／123B	（定期列車混乗）	宮城県行幸啓（第48回全国植樹祭ご臨席）	
	5月19日		古川	16:10	東京	18:32	Maxやまびこ50号／50B			
	8月18日	JR東海	東京	10:21	京都	12:59	新幹線お召列車	（臨時専用列車）	京都府及び岐阜県行幸啓（第23回国際天文学連合総会ご臨席、長良川鵜飼ご視察）引き続き、静岡県行幸啓（須崎御用邸御静養）	
	8月21日		京都	14:14	岐阜羽島	14:49				
		JR東海	岐阜羽島	10:53	熱海	12:23	（東海道新幹線）	（臨時専用列車）		
	8月22日	JR東・伊豆急	熱海	12:51	伊豆急下田	14:10	臨時スーパービュー踊り子91号／9001M	251系（RE3）10B		紀宮殿下29日御同伴
	8月29日	伊豆急・JR東	伊豆急下田	14:07	東京	16:59	臨時スーパービュー踊り子92号／9002M			
	10月3日		大曲	11:13	盛岡	12:08	新幹線お召列車	E3系6B	秋田県及び岩手県行幸啓（第17回全国豊かな海づくり大会ご臨席）	
	10月4日	JR東日本	盛岡	9:54	宮古	11:57	お召列車／9001レ	DD51842+御料車1号編成		
	10月6日		釜石	12:42	遠野	13:44	お召列車／9002レ			
			遠野	15:50	花巻	16:49	お召列車			
	10月24日	JR東海	東京	10:21	新大阪		新幹線お召列車	（臨時専用列車）	大阪府及び和歌山県行幸啓（第52回国民体育大会秋季大会ご臨席）	
	10月27日	JR西日本	広川ビーチ	15:53	白浜	17:05	お召列車	DD511191+DD511190 +サロンカーなにわ5B		日章旗・御紋章なし（機関車）
10年	2月6日	JR東日本	東京	14:12	長野	15:50	新幹線お召列車	E2系8B	長野県行幸啓（1998年長野オリンピック冬季競技大会ご臨席）	
	2月7日		長野	9:02	東京	10:42				
	2月19日		東京	14:12	長野	15:50			長野県行幸啓（1998年長野オリンピック冬季競技大会ご臨場）	
	2月23日		長野	10:35	東京	12:11				
	3月11日		東京	9:28	長野	11:00			長野県行幸啓（1998年長野パラリンピック冬季競技大会競技ご覧）	
	3月12日		長野	16:00	東京	17:44				
	5月8日		東京	10:05	高崎	11:00			群馬県行幸啓（第49回全国植樹祭ご臨席）	
	5月10日		上毛高原	17:37	東京	18:52				
	7月21日	JR東日本	東京	13:28	那須塩原	14:46	（東北新幹線）	（臨時専用列車）	栃木県行幸啓（那須御用邸御静養）	
	7月24日		那須塩原	15:41	東京	16:52				
	8月26日	JR東・伊豆急	東京	10:31	伊豆急下田	13:20	臨時スーパービュー踊り子91号／9001M	251系（RE3）10B	静岡県行幸啓（須崎御用邸御静養）	台風4号の影響により御日程変更
			伊豆急下田	9:31	熱海	11:00	御乗用列車／9002M	アルファリゾート21（R5）8B		
	8月31日	JR東海	熱海	11:57	東京	12:49	（東海道新幹線）	（臨時専用列車）		

※記事の空欄は特記事項なし

資料編

年度	運転月日	事業者	御発駅	(時刻)	御着駅	(時刻)	列車名／列車番号	使用編成	行事・目的等	記事
11年	3月4日	JR東日本	東　京	9:40	高　崎	10:30	新幹線お召列車	(臨時専用列車)	群馬県行幸啓(1999年世界室内陸上競技選手権前橋大会ご臨席)	
			高　崎	10:40	桐　生	11:15	お召列車／9001M	185系7B		HM「あかぎ」掲出
	3月5日		高　崎	17:02	東　京	18:24	新幹線お召列車	(臨時専用列車)		
	4月8日		新　宿	9:30	大　月	10:38	かいじ103号／3003M	183系9B	山梨県行幸啓(ルクセンブルク大公殿下及び大公妃殿下[国賓]ご案内)	定期列車混乗
			大　月	15:20	原　宿	17:05	お召列車／9002レ	EF5861+御料車1号編成		
	5月29日	JR東海	東　京	9:42	熱　海	10:36	こだま451号／451A	新幹線お召列車(混乗)	静岡県行幸啓(第50回全国植樹祭ご臨席)	100系
		JR東・伊豆急	熱　海	10:56	伊豆急下田	12:14	スーパービュー踊り子53号／3053M	(混乗)251系(RE3)10B		
	5月31日	JR東海	三　島	15:38	東　京	16:38	こだま416号／416A	新幹線お召列車(混乗)		100系
	8月18日	JR北海道	大沼公園	9:53	八　雲	10:30	北斗5号／5005D	キハ183系4Bサウ増結	北海道行幸啓(北海道南西沖地震災害復興状況ご視察)	キハ182-2552御乗用
			函　館		八　雲		予備ダイヤ			17日特別機欠航の場合
	8月19日		八　雲		大沼公園		予備ダイヤ			19日お召船欠航の場合
	8月24日	JR東・伊豆急	東　京	11:30	伊豆急下田	14:08	臨時スーパービュー踊り子91号／9001M	251系(RE3)10B	静岡県行幸啓(須崎御用邸御静養)	9・10号車：一般混乗、停車駅9001M：横・熱・伊、9002M：高・伊・熱・横
	8月31日		伊豆急下田	13:42	東　京	16:21	臨時スーパービュー踊り子92号／9002M			
	9月13日	JR東日本	東　京	10:16	新白河	11:31	御乗用列車	(臨時専用列車)	那須御用邸ご滞在9月13日・14日の両日 平成10年8月の福島、栃木両県豪雨災害地復興状況ご視察	
	9月17日		那須塩原	13:55	東　京	15:08				
	10月2日		上　野	10:10	いわき	12:01	Sひたち15号／15M	651系(K103+209)11B	福島県行幸啓(第19回全国豊かな海づくり大会ご臨席)	
	10月3日		広　野	9:48	相　馬	10:47	(臨時専用列車)／9001M	651系(K103)7B		
	10月4日		相　馬	9:54	浪　江	10:25	(臨時専用列車)／9002M	651系(K103)7B		
			浪　江	14:33	上　野	17:35	Sひたち42号／42M	651系(K103+209)11B		
	11月19日	JR東海	京　都	17:41	東　京	20:17	(東海道新幹線)	(臨時専用列車)	大阪府及び京都府行幸啓(地方事情ご視察)	※車中御夕食
12年	8月22日	JR東日本	東　京	14:16	那須塩原	15:18	御乗用列車	200系(H)16B	栃木県行幸啓(那須御用邸御静養)	停車駅なし
	8月26日		那須塩原	14:39	東　京	15:41				
	9月17日		東　京	10:32	那須塩原	11:34	やまびこ123号			停車駅：上野、大宮
	9月21日		那須塩原	12:16	東　京	13:28	やまびこ126号			停車駅：宇、小、大、上(車中ご昼食)
	9月29日	JR東海	東　京	10:03	京　都	12:39	新幹線お召列車	(臨時専用列車)	京都府行幸啓(第20回全国豊かな海づくり大会ご臨席)	
	9月30日	JR西日本	二　条	9:47	東舞鶴	11:17	お召列車	281系6B		
	10月2日	北近畿タンゴ鉄道	KTR天橋立	10:12	KTR大江	10:35				
	12月10日	JR東日本	上　野	10:00	水　戸	11:05	Sひたち15号／15M	651系(K103+203)11B	茨城県行幸啓(西暦2000年酸性雨国際学会開会式ご臨席)	定期列車混乗 復路：自動車
13年	3月28日	JR東日本	東　京	10:15	北鎌倉	10:58	お召列車／9001レ	EF5861+御料車1号編成	神奈川県行幸啓(ノルウェー国王王妃両陛下[国賓]ご案内)	
	5月19日	JR東日本	原　宿	10:00	甲　府	11:52	お召列車／9001M	E351系8B	山梨県行幸啓(第52回全国植樹祭ご臨席)	
	5月21日	JR東海	甲斐岩間	15:21	甲　府	16:00	お召列車	キハ185系4B		
		JR東日本	甲　府	16:02	原　宿	17:57	お召列車／9002M	E351系8B		
	7月16日	東武鉄道	浅　草	10:30	東武日光	12:17	(臨時専用列車)	100系6B	栃木県行幸啓(日光田母沢御用邸記念公園ご視察)	
	7月19日		東武日光	12:55	浅　草	14:28				
	8月27日	JR東・伊豆急	東　京	10:30	伊豆急下田	13:16	臨時スーパービュー踊り子91号／9001M	251系(RE3)10B	静岡県行幸啓(須崎御用邸御静養)	9・10号車：一般混乗、停車駅9001M：横・熱・伊・稲、9002M：伊・稲・熱・横
	8月31日		伊豆急下田	13:40	東　京	16:19	臨時スーパービュー踊り子92号／9002M			
	9月10日		原　宿		松　本		スーパーあずさ91号／9091M	E351系8B	長野県行幸啓(地方事情ご視察)	お取りやめ ※台風15号接近による
	9月11日		松　本		原　宿		スーパーあずさ92号／9092M			
	9月13日	JR東日本	東　京	12:24	那須塩原	13:42	御乗用列車	(臨時専用列車)	栃木県行幸啓(那須御用邸御静養)	
	9月18日		那須塩原	14:05	東　京	15:22				
	10月12日		東　京	9:24	仙　台	11:36	新幹線お召列車	200系(H4)16B	宮城県行幸啓(第56回国民体育大会秋季大会ご臨場)	
	10月14日		仙　台	9:30	柳　津	10:40	お召列車／9001レ	DD51842+御料車1号編成		
			くりこま高原	16:50	東　京	17:49	新幹線お召列車	(臨時専用列車)		
	10月27日	JR東海	東　京	10:10	静　岡	11:08	新幹線お召列車	(臨時専用列車)	静岡県行幸啓(第21回全国豊かな海づくり大会ご臨席)	
	10月29日		新富士	16:00	東　京	16:50				
	11月27日	JR東海	東　京	9:30	名古屋	11:22	新幹線お召列車	(臨時専用列車)	三重県行幸啓(地方事情ご視察)	
		近鉄	近鉄名古屋	11:45	近鉄津	12:32	お召列車			
			近鉄津	16:35	鳥　羽	17:15				
	11月29日		鳥　羽	15:35	賢　島	16:03				
			賢　島	11:40	近鉄名古屋	13:37				
	11月30日	JR東海	名古屋	13:57	東　京	15:50	新幹線お召列車	(臨時専用列車)		
14年	5月26日	JR東海	東　京	10:00	京　都	12:14	新幹線お召列車	(臨時専用列車)	京都府及び奈良県行幸啓(第26回国際内科学会議開会式ご臨席)	
	5月27日	近鉄	近鉄京都	11:34	近鉄奈良	12:07	お召列車	21000系4B(UL11)		
	5月29日		橿原神宮前	15:01	近鉄京都	15:53				
		JR東海	京　都	16:04	東　京	18:20	新幹線お召列車	(臨時専用列車)		
	6月2日	JR東日本	天　童	9:09	新　庄	9:41	新幹線お召列車	(臨時専用列車)	山形県行幸啓(第53回全国植樹祭ご臨席)	
	6月3日		新　庄	11:12	酒　田	12:26	お召列車／9001レ	DD51842+御料車1号編成		
	8月1日	JR東日本	東　京	15:20	那須塩原	16:22	御乗用列車	(臨時専用列車)	栃木県行幸啓(那須御用邸御静養)	
	8月5日		那須塩原	16:49	東　京	17:56				
	8月21日	JR東・伊豆急	東　京	10:31	伊豆急下田	13:17	臨時スーパービュー踊り子91号／9001M	251系(RE3)10B	静岡県行幸啓(須崎御用邸御静養)	9・10号車：一般混乗、停車駅9001M：横・熱・伊・稲、9002M：伊・熱・横
	8月28日		伊豆急下田	16:27	東　京	19:16	臨時スーパービュー踊り子92号／9002M			
	9月13日	JR東日本	東　京	9:16	宇都宮	10:03	御乗用列車	(臨時専用列車)	栃木県行幸啓(地方事情ご視察、御料牧場御静養)	
	9月15日		宇都宮	16:36	東　京	17:24				
	11月18日	松浦鉄道 JR九州	たびら平戸口	13:57	大　村	16:08	お召列車	キハ185系4B	長崎県行幸啓(第22回全国豊かな海づくり大会ご臨席)	日章旗・菊華御紋章掲出(前面)
15年	6月11日	JR東日本	東　京		新　潟	11:57	新幹線お召列車	(臨時専用列車)	新潟県行幸啓(地方事情ご視察)	
	6月13日		長　岡	15:25	東　京	17:12				
	7月24日		東　京		伊豆急下田		臨時スーパービュー踊り子91号／9001M	251系(RE3)10B	静岡県行幸啓(須崎御用邸御静養)	お取りやめ ※天皇陛下お風邪
	7月29日		伊豆急下田		東　京		臨時スーパービュー踊り子92号／9002M			
	8月26日	JR東日本	東　京	9:40	軽井沢	10:53	御乗用列車	(臨時専用列車)	長野県及び群馬県行幸啓(軽井沢町・草津町御静養)	
	8月31日		軽井沢	12:12	東　京	13:20				
	9月12日		東　京	9:40	那須塩原	10:47	御乗用列車	(臨時専用列車)	栃木県行幸啓(那須御用邸御静養)	
	9月16日		那須塩原	15:13	東　京	16:12				
	10月5日	JR西日本	松　江	9:40	浜　田	11:39	お召列車／9001レ	DD511186+DD511187+サロンカーなにわ5B	島根県行幸啓(第23回全国豊かな海づくり大会ご臨席)	日章旗・御紋章：初掲出(機関車)
	10月6日		浜　田	9:58	津和野	11:25	お召列車／9003レ			
			津和野	15:01	益　田	15:39	お召列車／9005レ			
	10月24日	JR東海	東　京	9:53	浜　松	11:11	新幹線お召列車	(臨時専用列車)	静岡県行幸啓(第58回国民体育大会秋季大会ご臨場)	
	10月26日		掛　川	17:22	東　京	19:10				

※記事の空欄は特記事項なし

資料編

年度	運転月日	事業者	御発駅(時刻)		御着駅(時刻)		列車名／列車番号	使用編成	行事・目的等	記事
16年	8月1日	JR東・伊豆急	東京	11:30	伊豆急下田	14:07	臨時スーパービュー踊り子91号／9001M	251系(RE3)10B	静岡県行幸啓(須崎御用邸御静養)	
	8月5日		伊豆急下田	16:26	東京	19:17	臨時スーパービュー踊り子92号／9002M			
	8月21日	JR東海	東京	10:03	京都	12:23	新幹線お召列車	(臨時専用列車)	京都府行幸啓 第16回国際解剖学会議開会式及び同レセプションご臨席	
	8月23日		京都	15:56	東京	18:16				
	8月25日	JR東日本	原宿		小淵沢		お召列車	E257系9B	長野県行幸啓(ご訪問※紀宮清子内親王殿下御同伴)	天候不良(台風接近)によりお取りやめ
	8月26日		小淵沢		原宿					
	9月17日	JR東日本	東京	10:36	那須塩原	11:46	御乗用列車	(臨時専用列車)	栃木県行幸啓(那須御用邸静養)	
	9月21日		那須塩原	15:33	東京	16:40				
	10月22日	JR東日本	東京	10:36	本庄早稲田	11:23	新幹線お召列車	(臨時専用列車)	埼玉県行幸啓(第59回国民体育大会秋季大会ご臨席)	
	10月24日		熊谷	15:43	東京	16:20				
	11月18日	JR東日本	東京	10:36	高崎	11:27	新幹線お召列車	(臨時専用列車)	群馬県行幸啓(デンマーク女王陛下及び王配殿下[国賓]ご案内)	
			高崎	11:37	前橋	11:49	お召列車／9001M	水カツ651系(K109)7B		
			高崎	17:00	東京	17:52	新幹線お召列車	(臨時専用列車)		
17年	3月23日	JR東海	東京	10:03	名古屋	11:43	新幹線お召列車	(臨時専用列車)	愛知県行幸啓(2005年日本国際博覧会開会式ご臨席、同博覧会会場ご視察)	
	3月24日		名古屋	17:21	東京	19:00				
	3月29日	JR東日本	東京	10:36	宇都宮	11:30	御乗用列車	E2系8B (臨時専用列車)	栃木県行幸啓(御料牧場御静養)	
	3月31日		宇都宮	10:52	東京	11:40				
	7月11日	JR東海	東京	10:03	名古屋	11:43	新幹線お召列車	(臨時専用列車)	愛知県行幸啓(2005年日本国際博覧会会場ご視察)	
	7月13日		名古屋	16:36	東京	18:16				
	7月25日	JR東・伊豆急	東京	11:30	伊豆急下田	14:08	臨時スーパービュー踊り子91号／9001M	251系(RE3)10B	静岡県行幸啓(須崎御用邸御静養)	
	7月29日		伊豆急下田	16:24	東京	19:23	臨時スーパービュー踊り子92号／9002M			
	8月20日	JR東海	東京	11:03	京都	13:23	新幹線お召列車	(臨時専用列車)	京都府、兵庫県、大阪府行幸啓(第18回世界心身医学会議開会式ご臨席)	
	8月21日		京都	11:05	新神戸	11:35				
	8月29日	JR東日本	東京	11:05	小淵沢	13:27	お召列車	E257系(M101)9B	長野県、山梨県行幸啓(長野八ヶ岳農業協同組合野辺山支所(旧野辺山開拓農業協同組合)ご視察等)＜紀宮清子内親王殿下御同伴＞	識別表示なし(G席20席＋普通席24席)
	8月31日		小淵沢	14:48	東京	17:16				
	9月1日		上野	10:16	黒磯	12:48	御乗用列車	東チタ185系7B	栃木県行幸啓(那須御用邸御静養)＜清子内親王殿下御同伴＞	
	9月5日		那須塩原	16:26	東京	17:32		E2系8B		
18年	5月20日	JR東海	東京	10:46	名古屋	12:26	新幹線お召列車	700系16B	岐阜県行幸啓(第57回全国植樹祭ご臨場)	
	5月21日		名古屋	12:43	下呂	14:18	お召列車	キハ85系4B		
			飛騨萩原	14:48	岐阜	16:15				
	5月22日		岐阜羽島	12:40	東京	14:33	新幹線お召列車	700系16B		
	8月28日	JR東日本	東京	9:48	軽井沢	10:52	あさま513号／513E	E2系8B (定期列車混乗)	長野県、群馬県行啓(軽井沢町・草津町御静養)＜第27回草津夏期国際音楽アカデミー＆フェスティヴァルご出席＞	皇后陛下おひと方
	8月30日		軽井沢	17:22	東京	18:32	あさま540号／540E			
	9月13日	JR東日本	東京	10:04	那須塩原	11:00	御乗用列車	(臨時専用列車)	栃木県行幸啓(那須御用邸静養)	
	9月16日		那須塩原	15:12	東京	16:16				
	10月8日	JR東海	東京	11:06	静岡	12:08	新幹線お召列車	700系16B	静岡県行幸(2006年日本魚類学会年会ご出席)	
			静岡	21:11	東京	22:13				
	10月30日	JR九州	佐賀	10:20	唐津	11:33	お召列車	キハ185系4B	佐賀県行幸啓(第26回全国豊かな海づくり大会ご臨席)	日章旗・菊華御紋章掲出(前面)
	10月31日		唐津	10:02	佐賀	11:14				
19年	3月28日	西武鉄道	西武新宿	9:50	本川越	10:40	お召列車	10000系(10108F)7B	埼玉県行幸啓(スウェーデン国王陛下及び王妃陛下[国賓]ご案内)	識別表示なし
			本川越	15:51	西武新宿	16:38				
	3月29日		東京	12:00	宇都宮	12:49	御乗用列車	(臨時専用列車)	栃木県行幸啓(御料牧場御静養)	
	4月2日		宇都宮	14:25	東京	15:12				
	8月28日	JR東日本	東京	10:24	軽井沢	11:27	あさま515号／515E	E2系8B (定期列車混乗)	群馬県行幸啓(第28回草津夏期国際音楽アカデミー＆フェスティヴァルご出席)	皇后陛下おひと方
	8月30日		軽井沢	17:22	東京	18:32	あさま540号／540E			
	9月12日		東京	10:04	那須塩原	11:03	新幹線お召列車	(臨時専用列車)	栃木県行幸啓(那須御用邸静養)	
	9月15日		那須塩原	17:14	東京	18:16				
	11月10日	JR東海	東京	10:03	京都	12:23	新幹線お召列車	700系16B	滋賀県行幸啓(第27回全国豊かな海づくり大会ご臨席)	
	11月12日	JR西日本	大津	10:24	貴生川	10:56	お召列車	281系(A609)6B		
			貴生川	16:06	大津	16:37				
	11月13日	JR東海	京都	13:15	東京	15:33	新幹線お召列車	700系16B		
	12月4日	JR東日本	東京	10:04	小山	10:43	新幹線お召列車	E2系8B	栃木県行幸啓 自治医科大学ご視察	
			小山	16:09	東京	16:52				
20年	3月27日		東京	18:28	宇都宮	19:22	御乗用列車	(臨時専用列車)	栃木県行幸啓(御料牧場御静養)	
	3月30日		宇都宮	11:42	東京	12:28				
	4月7日		東京	10:04	熊谷	10:40	新幹線お召列車	E2系8B	群馬県行幸啓(日本ブラジル交流年・日本人ブラジル移住100周年にちなみ、日系ブラジル人が多数在住する地域をご訪問)	※復路:自動車お列
	8月24日	JR東日本	東京	11:24	軽井沢	12:30	御乗用列車	(臨時専用列車)	長野県・群馬県行幸啓(第29回草津夏期国際音楽アカデミー＆フェスティヴァルご出席)	
	8月30日		軽井沢	17:03	東京	18:16				
	9月6日		東京	10:04	新潟	12:02	新幹線お召列車	E2系8B	新潟県行幸啓(第28回全国豊かな海づくり大会ご臨席、平成16年(2004年)新潟県中越地震災害復興状況ご視察)	
	9月9日		長岡	12:10	東京	13:48				
	10月24日		東京	10:04	那須塩原	11:03	御乗用列車	(臨時専用列車)	栃木県行幸啓(那須御用邸御静養)	
	10月27日		那須塩原	14:26	東京	15:28				
	10月30日	JR東海	東京	10:17	京都	12:34	新幹線お召列車	700系(C51)16B	奈良県・京都府行幸啓(源氏物語千年紀記念式典ご臨席)	
		近鉄	近鉄京都	12:44	近鉄奈良	13:19	お召列車	21020系(UL21)6B		
	10月31日		近鉄奈良	13:19	近鉄京都	14:15				
	11月2日	JR東海	京都	13:42	東京	15:56	新幹線お召列車	700系(C51)16B		
	11月12日	JR東日本	上野	10:03	土浦	10:43	お召列車／9001M	E655系6B(TR組込み)	茨城県行幸啓(スペイン国王陛下及び王妃陛下[国賓]ご案内)	E655系：お召初運用
		首都圏新都市鉄道	つくば	16:00	南千住	16:36	お召列車／1002レ	2000系(2168F)6B		HMによる識別

※記事の空欄は特記事項なし

資料編

年度	運転月日	事業者	御発駅	(時刻)	御着駅	(時刻)	列車名／列車番号	使用編成	行事・目的等	記事
21年	3月26日	JR東日本	東京	10:04	宇都宮	10:49	御乗用列車	(臨時専用列車)	栃木県行幸啓（御料牧場御静養）	
	3月29日		宇都宮	15:26	東京	16:16				
	7月26日		東京	11:16	那須塩原	12:18	御乗用列車	(臨時専用列車)	栃木県行幸啓（那須御用邸御静養）	
	7月29日		那須塩原	16:13	東京	17:16				
	8月24日		東京	10:04	軽井沢	11:10	御乗用列車	(臨時専用列車)	長野県行幸啓（軽井沢町御静養）	
	8月27日		軽井沢	17:03	東京	18:16				
	9月25日	JR東日本	東京	10:04	新潟	12:02	新幹線お召列車	E2系(N2)8B	新潟県行幸啓（第64回国民体育大会ご臨場）	
	9月27日		燕三条	15:24	東京	17:16				
	11月20日	JR東海	京都	14:09	東京	16:30	新幹線お召列車	N700系16B	大阪府及び京都府行幸啓（京都御所茶会ご臨席）	往路：特別機
	12月19日	こどもの国協会	のりば駅	--	のりば駅	--	(遊戯鉄道)	電気式SL＋客車4両	神奈川県行幸啓（御成婚五十年に当たり「こどもの国」ご訪問）	天皇ご一家ご陪乗
22年	3月25日	JR東海	東京	10:23	京都	12:44	新幹線お召列車	N700系16B	京都府行幸啓（第14回国際内分泌学会議オープニングセレモニーご臨席）	
	3月28日		京都	12:22	東京	14:43				
	4月5日	JR東日本	東京	11:30	真鶴	12:37	御乗用列車	E655系5B(TRなし)	神奈川県・静岡県行幸啓（伊東市御静養・須崎御用邸御静養）	御乗用列車初運用日章旗、御紋章掲出なし
			真鶴	14:44	伊東	15:19				
	4月7日	伊豆急行	伊東	10:27	伊豆急下田	11:17	御乗用列車	2100系(R5)6B		
	4月9日	伊豆急・JR東	伊豆急下田	14:37	東京	17:18	御乗用列車	E655系5B(TRなし)		
	5月24日	箱根登山鉄道	箱根湯本	9:58	強羅	10:34	お召列車	2000系(2005F)3B	神奈川県及び静岡県行幸啓（第61回全国植樹祭ご臨場）	ステッカーによる識別
		JR東海	三島	17:41	東京	18:30	新幹線お召列車／9080A	N700系16B		
	6月12日		東京	10:13	岐阜羽島	12:09	新幹線お召列車	N700系(Z41)16B	岐阜県及び愛知県行幸啓（第30回全国豊かな海づくり大会ご臨席）	
	7月26日	JR東日本	東京	11:16	那須塩原	12:08	御乗用列車	(臨時専用列車)	栃木県行幸啓（那須御用邸御静養）	
	7月29日		那須塩原	11:47	東京	12:48				
	8月1日	首都圏新都市鉄道	秋葉原	10:05	つくば	10:51	お召列車	2000系6B(2167F)	茨城県行幸啓（第21回IUPAC化学熱力学国際会議開会式ご臨席）	HMによる識別
	8月2日		つくば	16:00	南千住	16:38				
	8月24日	JR東日本	東京	10:04	軽井沢	11:06	御乗用列車	(臨時専用列車)	長野県・群馬県行幸啓（御静養及び第31回草津夏期国際音楽アカデミー＆フェスティヴァルご出席）	
	8月29日		軽井沢	16:10	東京	17:16				
	9月26日	JR東日本	蘇我	11:00	茂原	11:23	お召列車／9001M	E655系6B(TR組込み)	千葉県行幸啓（第65回国民体育大会ご臨場）	日章旗クロス初掲出
			茂原	14:43	勝浦	15:13	お召列車／9003M			
	9月27日		館山	15:52	東京	17:39	お召列車／9002M			
	10月7日	JR東海	東京	10:13	京都	12:34	新幹線お召列車	N700系16B	奈良県行幸啓（平城遷都1300年記念祝典ご臨席）	復路：特別機
	10月10日	近鉄	近鉄京都	12:44	近鉄奈良	13:19	お召列車	21020系(UL21)6B		識別表示なし
			近鉄奈良	9:42	室生口大野	10:25				
			大和朝倉	15:44	大阪上本町	16:20				
	12月21日	埼玉新都市交通	大宮	10:38	鉄道博物館	10:42	お召列車／9001B	2000系(02F)6B	埼玉県行幸啓（鉄道博物館ご視察（鉄道博物館開館3周年特別企画展「御料車～知られざる美術品～」開催に当たり））	ステッカーによる識別（車両前面）
			鉄道博物館	13:48	大宮	13:52	お召列車／9302A			
23年	8月29日	JR東日本	上毛高原	15:38	東京	16:48	御乗用列車	(臨時専用列車)	長野県・群馬県行幸啓（御静養及び第32回草津夏期国際音楽アカデミー＆フェスティヴァルご出席）	※往路自動車
	10月31日	JR西日本	鳥取	9:50	倉吉	10:33	お召列車／9001レ	DD511186+DD511179+サロンカーなにわ5B	鳥取県行幸啓（第31回全国豊かな海づくり大会ご臨席）	
	11月13日	JR東日本	東京	9:55	甲府	11:49	御乗用列車／9001M	E655系6B(TR組込み)	山梨県行幸啓（天皇陛下のご名代として皇太子殿下／恩賜林御下賜100周年記念大会にご臨席）	※甲府より引き続き長野県へ行幸啓につき、復路お取りやめ
			甲府		東京		(お召列車)／9002M			
	12月		東京		越後湯沢		新幹線お召列車	E2系(N2)8B	長野県行幸啓（長野県北部地震被災者ご訪問）	ご体調不良により延期
	12月		越後湯沢		東京					
24年	5月12日	JR東日本	東京	13:00	仙台	14:58	新幹線お召列車	E2系8B	宮城県行幸啓（第14回IACIS国際会議開会式ご臨席及び東日本大震災被災者ご訪問）	
	5月13日		仙台	18:23	東京	20:08				
	7月19日		東京	10:00	越後湯沢	11:19	新幹線お召列車	E2系(N2)8B	長野県行幸啓（長野県北部地震被災者ご訪問）	平成23年12月より延期のもの
			越後湯沢	18:52	東京	20:07				
	7月23日		東京	12:04	那須塩原	13:00	御乗用列車	E2系8B	栃木県行幸啓（那須御用邸御静養）	
	7月27日	JR東日本	那須塩原	12:00	東京	12:58				
	8月23日		東京	10:00	軽井沢	11:05	御乗用列車		長野県・群馬県行幸啓（御静養及び第33回草津夏期国際音楽アカデミー＆フェスティヴァルご出席）	
	8月29日		軽井沢	15:52	東京	17:03				
	9月28日	JR東海	東京	10:47	岐阜羽島	12:41	新幹線お召列車	N700系16B	岐阜県行幸啓（第67回国民体育大会ご臨場）	天候不良につき、復路日程繰上げ
	9月30日		岐阜羽島	12:28	東京	14:20				
	10月6日	JR東日本	東京	9:55	甲府	11:49	お召列車／9001M	E655系6B(TR組込み)	山梨県行幸啓（地方事情ご視察［陛下のご不例により昨年11月のご予定がお取りやめとなっていたもの］）	
			甲府	17:31	東京	19:27	お召列車／9002M			
	10月13日		東京	9:32	郡山	10:44	新幹線お召列車	E2系(N2)8B	福島県行幸啓（東日本大震災に伴う被災地ご訪問）	
			郡山	18:49	東京	20:08				
	12月3日	JR東海	東京	10:13	京都	12:32	新幹線お召列車	N700系16B	京都府・岐阜県行幸啓（明治天皇百年式年明治天皇陵及び昭憲皇太后陵ご参拝）	
	12月5日		京都	10:46	岐阜羽島	11:16				
			岐阜羽島	15:28	東京	17:20				
25年	3月25日	JR東・伊豆急	東京	11:30	伊豆急下田	14:23	御乗用列車	E655系5B(TRなし)	静岡県行幸啓（須崎御用邸御静養）	日章旗・御紋章掲出なし
	3月28日		伊豆急下田	14:36	東京	17:17				
	4月15日	JR東日本	東京	11:28	長野	12:58	御乗用列車	E2系8B	長野県行幸啓（長野県ご訪問※私的な旅行）	
	4月16日		長野	14:16	東京	15:48				
	6月22日	JR東海	東京	10:13	京都	12:31	新幹線お召列車	N700系16B	京都府・大阪府行幸啓（第11回世界生物学的精神医学会国際会議開会式ご臨席）	車中御昼食 復路：特別機
	7月4日		東京	10:00	新花巻	12:47	新幹線お召列車	E2系8B	岩手県行幸啓（東日本大震災に伴う被災地ご訪問）	
	7月5日		一ノ関	17:57	東京	20:08				
	7月22日		東京	11:00	福島	12:27	御乗用列車	E2系8B	福島県・栃木県行幸啓（福島県ご訪問、那須御用邸御静養）	
	7月23日	JR東日本	福島	14:32	那須塩原	15:00				
	7月26日		那須塩原	12:00	東京	13:00	御乗用列車			
	8月23日		東京	11:16	長野	12:43	御乗用列車	E2系8B	長野県・群馬県行幸啓（長野県ご訪問、軽井沢町・草津町御静養）	
	8月24日		長野	14:40	軽井沢	15:05				
	8月31日		軽井沢	15:52	東京	17:04	御乗用列車			
	10月27日	JR九州	熊本	11:35	新水俣	11:57	新幹線お召列車	N700系(R8)8B	熊本県行幸啓（第33回全国豊かな海づくり大会）	
			新水俣	16:00	熊本	17:20				

※記事の空欄は特記事項なし

資料編

年度	運転月日	事業者	御発駅(時刻)	御着駅(時刻)	列車名／列車番号	使用編成	行事・目的等	記事
26年	3月25日	JR東海	東京 10:53	名古屋 12:35	新幹線お召列車	N700系16B	三重県行幸啓(神宮ご参拝)	
	3月28日	近鉄	近鉄名古屋 13:06	宇治山田 14:29	お召列車	50000系6B		
			宇治山田 10:27	近鉄名古屋 11:50				
		JR東海	名古屋 12:16	東京 13:56	新幹線お召列車	N700系16B		
	5月21日	JR東日本	東京 9:56	小山 10:35	御乗用列車	E2系8B	栃木県・群馬県行幸啓(ご訪問※私的ご旅行)	
		東武鉄道	栃木 17:20	東武日光 18:02	御乗用列車	100系(105F)6B		
	5月22日	わたらせ渓谷鉄道	通洞 13:59	水沼 14:51	御乗用列車	WKT501＋511＋551 ※識別表示なし		
		JR東日本	桐生 16:23	小山 17:18	御乗用列車	E655系5B(TRなし) ※日章旗ご紋章掲出なし		
			小山 17:50	東京 18:31	御乗用列車	E2系8B		
	5月31日		東京 11:40	長岡 13:03	新幹線お召列車	E2系8B	新潟県行幸啓(第65回全国植樹祭ご臨席)	
	6月2日		長岡 15:13	東京 16:52				
	7月22日	JR東日本	東京 10:48	くりこま高原 12:51	御乗用列車	E2系8B	宮城県・栃木県行幸啓(東日本大震災復興状況及び地方事情ご視察、那須御用邸御静養)	
	7月24日		一ノ関 15:30	那須塩原 16:41				
	7月28日		那須塩原 11:33	東京 12:32				
	9月24日		東京 10:48	八戸 13:50	新幹線お召列車	E5系(U24)10B	青森県行幸啓(ご訪問※私的ご旅行) ※復路：特別機	途中、仙台・盛岡停車
	9月25日		八戸 10:26	新青森 10:50				
	11月15日	JR東海	東京 10:23	京都 12:40	新幹線お召列車／9081A	N700系16B	奈良県行幸啓(第34回全国豊かな海づくり大会ご臨席)	車内御昼食
		近鉄	近鉄京都 13:13	橿原神宮前 14:05	お召列車	50000系(SV03)6B		
	11月17日		近鉄奈良 16:17	近鉄京都 16:53				
		JR東海	京都 17:12	東京 19:30	新幹線お召列車	N700系16B		車内御夕食
27年	3月15日	JR東日本	仙台 15:09	東京 16:52	新幹線お召列車	E5系10B	宮城県行幸啓(第3回国連防災世界会議開会式ご臨席併せて東日本大震災復興状況ご視察)	往路：特別機
	5月16日	JR東・JR西	東京 10:08	金沢 12:39	新幹線お召列車	E7系(F6)12B	石川県行幸啓(第66回全国植樹祭ご臨場)	北陸新幹線：お召初運用 車内御昼食、復路：特別機
	6月17日	JR東日本	東京 10:48	白石蔵王 12:22	新幹線お召列車	E5系10B	宮城県・山形県行幸啓(ご訪問※私的ご旅行)	車内御昼食 ※復路：特別機
	7月16日		東京 10:48	福島 12:14	御乗用列車	E5系10B	福島県・栃木県行幸啓(福島県ご訪問、那須御用邸御静養)	
			福島 16:38	那須塩原 17:06				
	7月21日		那須塩原 12:36	東京 13:32				
	7月26日	JR東海	東京 11:13	名古屋 12:54	新幹線お召列車／9081A	N700系16B	愛知県行幸啓(国際第四紀学連合第19回大会開会式)	車内御昼食
	7月28日		名古屋 12:49	東京 14:30	新幹線お召列車			車内御昼食
	8月22日	JR東日本	東京 11:16	軽井沢 12:19	御乗用列車	E7系12B	長野県・群馬県行幸啓(軽井沢町・草津町御静養)	
	8月29日		軽井沢 17:27	東京 18:32				
	9月17日	東武鉄道	浅草	東武日光	御乗用列車	100系6B	栃木県行幸啓(ご訪問)	※関東・東北地方豪雨災害に配慮しお取り止め
	9月18日		東武日光	浅草				
	10月24日	JR東・JR西	東京 11:16	富山 13:46	お召列車(団体1号)／9801E	E7系(F6)12B	第35回全国豊かな海づくり大会臨席	復路：特別機 車内御昼食
28年	3月16日	JR東日本	東京 10:48	郡山 12:04	新幹線お召列車	E5系10B	福島県及び宮城県行幸啓(東日本大震災復興状況ご視察)	
			郡山 16:12	仙台 16:43				
	3月18日		仙台 14:09	東京 15:52				
	4月2日	JR東海	東京 11:53	京都 14:14	新幹線お召列車	N700系16B	奈良県行幸啓(神武天皇二千六百年ご式年に当たり神武天皇陵ご参拝)	車内御昼食
		近鉄	近鉄京都 14:39	橿原神宮前 15:31	お召列車	50000系(SV3)		
	4月4日	近鉄	橿原神宮前 14:48	近鉄京都 15:41				
		JR東海	京都 16:12	東京 18:30	新幹線お召列車	N700系16B		
	6月4日	JR東日本	東京 11:56	飯山 13:28	新幹線お召列車	E7系(F6)	長野県行幸啓(第67回全国植樹祭)	
	6月6日		長野 16:10	東京 17:32				
	6月20日		東京 10:48	宇都宮 11:36	御乗用列車	E5系10B	栃木県行幸啓(御料牧場御静養)	
	6月22日		宇都宮 15:46	東京 16:32				
	7月25日		東京 11:48	那須塩原 12:47	御乗用列車		栃木県行幸啓(那須御用邸御静養)	
	7月28日		那須塩原 15:36	東京 16:32				
	8月20日		東京 11:56	上田 13:08	御乗用列車(団体1号)	E7系12B	長野県・群馬県行幸啓(上田市、軽井沢町、草津町御滞在)	当初30日帰京予定(天候不良により日程短縮)
	8月29日		軽井沢 12:35	東京 13:36	御乗用列車			
	9月11日		酒田 14:13	鼠ヶ関 15:05	お召列車／9002M	E655系6B(TR組込み)	山形県行幸啓(第36回全国豊かな海づくり大会)	
			鼠ヶ関 16:39	鶴岡 17:12	お召列車／9001M			
	10月2日	JR東日本	盛岡 14:16	東京 16:32	新幹線お召列車	E5系10B	岩手県行幸啓(第71回国民体育大会ご臨場併せて東日本大震災復興状況ご視察)	途中停車駅：仙台 往路：特別機
	10月12日		東京 10:48	小山 11:29	新幹線お召列車(団体1号)		茨城県行幸啓(ベルギー国王陛下及び王妃陛下［国賓］ご案内)	
			小山 15:16	東京 15:56	新幹線お召列車			
	10月23日	JR東海	東京 13:13	京都 15:31	新幹線お召列車	N700系16B	京都府行幸啓(第40回国際外科学会世界総会開会式ご臨席)	
	10月26日		京都 14:12	東京 16:30				
	11月16日	JR東海	東京 10:13	名古屋 11:54	御乗用列車	N700系16B	愛知県・長野県行幸啓(ご訪問※私的ご旅行)	
	11月18日		名古屋 14:16	東京				
29年	3月24日	JR東・伊豆急	東京 11:30	伊豆急下田 14:06	御乗用列車	E655系5B(TRなし)	静岡県行幸啓(須崎御用邸御静養)	日章旗・御紋章掲出なし
	3月27日	伊豆急・JR東	伊豆急下田 14:43	東京 17:20				
	4月7日	JR東海	東京 10:23	静岡	お召列車／9081A	N700系16B	静岡県行幸啓(国賓御接遇／スペイン王国)	※国賓ご接遇
			静岡 15:59	東京 16:56				
	5月17日	東武鉄道	浅草 10:27	東武日光 12:16	お召列車	100系6B	栃木県行幸啓(ご訪問)	※御風邪につきお取り止め
	5月19日		東武日光 14:30	浅草 16:26				
	5月27日	JR東・西	東京 10:48	新高岡 13:33	新幹線お召列車(団体1号)	E7系(F12)	富山県行幸啓(第68回全国植樹祭)	車中御昼食
	7月24日		東京 11:48	那須塩原 12:48	お召列車	E5系10B	栃木県行幸啓(那須御用邸御静養)	途中停車駅なし
	7月28日		那須塩原 14:55	東京 15:56				
	8月22日	JR東日本	東京 11:48	軽井沢 12:50	新幹線お召列車	E7系12B	長野県・群馬県行幸啓(軽井沢町・草津町御静養)	車内御昼食
	8月29日		軽井沢 17:33	東京 18:44				
	9月21日		本庄早稲田 15:52	東京 16:32	新幹線お召列車		埼玉県行幸啓(ご訪問)	往路自動車お列
	10月27日	JR九・西	新鳥栖 17:40	小倉 18:12	新幹線お召列車	N700系8B	福岡県行幸啓(九州北部豪雨被災地御見舞い)	
	11月28日	JR東日本	東京 10:26	土浦 11:19	お召列車／9001M	E655系6B(TR組込み)	茨城県行幸啓(国賓御接遇／ルクセンブルク大公国)	両国旗掲出 途中停車駅：上野 復路：自動車お列
30年	6月9日	JR東日本	東京 10:52	郡山 12:05	新幹線お召列車(団体1号)	E5系(U19)	福島県行幸啓(第69回全国植樹祭ご臨場)	車内御昼食
	6月11日		福島 17:09	東京 18:32	新幹線お召列車			
	7月9日	JR東海	東京	掛川	新幹線お召列車		静岡県行幸啓(ご訪問／私的ご旅行)	西日本を中心に大雨等による甚大な被害が発生していることからお取りやめ
	7月10日		浜松	東京				
	7月17日	JR東日本	東京	那須塩原	御乗用列車	E5系10B	栃木県行幸啓(那須御用邸御静養)	西日本を中心に大雨等による甚大な被害が発生していることからお取りやめ
	7月20日		那須塩原	東京				
	8月22日	JR東日本	東京 11:52	軽井沢 12:50	新幹線お召列車	E7系12B	長野県及び群馬県行幸啓(軽井沢町・草津町御静養)	
	8月29日		軽井沢 17:33	東京 18:43				
	11月27日	JR東海	東京 11:13	掛川 12:27	新幹線お召列車／9081A		静岡県行幸啓(ご訪問／私的ご旅行)	
	11月28日		浜松 14:40	東京 15:56	新幹線お召列車			

※記事の空欄は特記事項なし

資料編

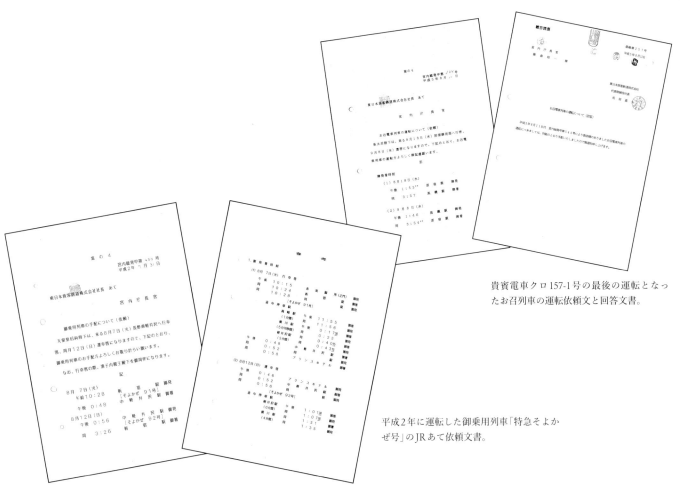

貴賓電車クロ157-1号の最後の運転となったお召列車の運転依頼文と回答文書。

平成2年に運転した御乗用列車「特急そよかぜ号」のJRあて依頼文書。

お召機（航空機）運航記録

【お召機（航空機）運航記録】 解説

　この表は、平成の30年間に運航した「お召機」「特別機」「チャーター機」「ご訪問国提供機」等、天皇皇后両陛下の航空機ご利用履歴をまとめたものである。運航時刻は計画された時刻及び日本時間を基本とするが、実際の御発着時刻（記録時刻）や現地時間（記事欄に注記）を記したものもある。国名や空港名のカタカナ表記は、当時の資料の書きぶりのままとした。「お召機」「特別機」の呼称区別は、昭和の時代は民間機が使用され、お召機、特別機の呼称が混在していた。平成以降は、国の機関（自衛隊等）ではお召機、民間機利用では特別機と呼び、政府専用機（航空自衛隊／B747-47C）については特別機と呼ぶことが例になっている。便名については、記録等を元に可能な限り記載した。航空機への国旗掲出は、使用機材の構造により掲出出来ない場合を除き、国内は日章旗、外国ご訪問の際は日章旗と相手国旗を掲出することが例になっている。

平成年度　お召機（航空機）運航記録簿

◆空港名称… 東京国際＝羽田、大阪国際＝伊丹、関西国際＝関西　◆表中の名称は運航当時のもの

年度	運航月日	事業者等	御発空港（時刻）		御着空港（時刻）		種別	便名	使用機材	行事・目的等	記事
元年	5月20日	日本エアシステム	東京国際	10:12	徳島	11:27	特別機	－－	DC-9-41 (JA8450)	徳島県行幸啓（第40回全国植樹祭ご臨席）	
	5月21日		徳島	16:08	東京国際	17:13		－－			
	9月9日		東京国際	10:23	広島	11:40		－－	DC-9-41 (JA8450)	広島県行幸啓（第9回全国豊かな海づくり大会ご臨席）	
	9月11日		広島	14:42	東京国際	16:02		－－			
	9月15日	全日本空輸	東京国際	10:00	稚内	11:50		－－	B737-200 (JA8454)	北海道行幸啓（第44回国民体育大会秋季大会ご臨場）	
	9月16日		稚内	15:04	千歳	15:49		－－			
	9月18日		千歳	14:59	東京国際	16:35		－－			
	9月29日	全日本空輸	東京国際	9:54	千歳	11:12		－－	B737-200 (JA8454)	北海道行幸啓（第25回全国身体障害者スポーツ大会ご臨席）	
	10月1日		千歳	16:20	函館	16:55		－－			
	10月2日		函館	15:16	東京国際	16:37		－－			
2年	5月18日	全日本空輸	東京国際	9:33	長崎	11:32	特別機	－－	－－	長崎県行幸啓（第41回全国植樹祭にご臨席）	
			長崎	9:48	対馬	10:28		－－			
	5月21日	全日本空輸	対馬	14:54	東京国際	16:44		－－			
	7月21日	日本エアシステム	東京国際	10:18	青森	11:28	特別機	－－	DC-9-80	青森県行幸啓（第10回全国豊かな海づくり大会ご臨席）	
	7月23日		青森	15:43	東京国際	16:58		－－			
	10月20日	全日本空輸	東京国際	10:02	福岡	11:57		－－	－－	福岡県行幸啓（第45回国民体育大会秋季大会ご臨場）	
	10月23日		福岡	15:15	東京国際	16:55		－－			
3年	7月10日	日本エアシステム	東京国際	7:40	長崎空港	9:25	特別機	361	－－	長崎県行幸啓（雲仙・普賢岳噴火に伴う被災地お見舞い）	
		陸上自衛隊	長崎空港	9:35	県立島原工業高校	10:15	お召機		陸自ヘリ		
			県立島原工業高校	14:07	布津町営グランド	14:27					
			布津町営グランド	16:57	長崎空港	17:32					
		全日本空輸	長崎空港	18:00	東京国際	19:40	特別機	668	－－		
	9月26日	日本航空	東京国際	9:45	ドンムアン	16:00	特別機	JL1723		タイ、マレーシア、インドネシアご訪問	
	9月28日	タイ国提供機	ドンムアン	13:00	ピサヌローク	13:40	－－	－－			
			ピサヌローク	23:00	チェンマイ	23:30	－－	－－			
	9月30日	日本航空	チェンマイ	11:55	スバン	14:35	特別機	JL1723			
	10月1日	マレイシア国提供機	スバン	10:45	イポー	11:15	－－	－－			
			イポー	17:25	スバン	17:55	－－	－－			
	10月3日	日本航空	スバン	11:05	ハリム	14:30	特別機	JL1723			
	10月4日	－－	ハリム	16:00	アジスチブト	17:00	－－	－－			
	10月5日	－－	アジスチブト	17:30	ハリム	18:20	－－	－－			
	10月6日	日本航空	ハリム	13:00	東京国際	20:30	特別機	JL1724			
	10月11日	全日本空輸	東京国際	9:57	小松	11:02	特別機	－－	B737	石川県及び福井県行幸啓（第46回国民体育大会秋季大会ご臨席）	
	10月15日		小松	16:44	東京国際	17:54		－－			
4年	5月9日	日本エアシステム	東京国際	10:05	福岡	11:57	特別機	－－	DC-9-80 (JA8281)	福岡県及び佐賀県行幸啓（第43回全国植樹祭ご臨席）	
	5月13日		福岡	15:10	東京国際	16:45		－－			
	10月23日	日本航空	東京国際	10:30	北京首都	14:40	特別機	JL1787	－－	中華人民共和国ご訪問	
	10月25日		北京首都	17:00	西安咸陽	19:10		JL1787	－－		
	10月27日		西安咸陽	11:30	虹橋国際	13:20		JL1787	－－		
	10月28日		虹橋国際	14:55	東京国際	17:25		JL1788	－－		
5年	4月23日	全日本空輸	東京国際	10:05	那覇	12:43	特別機	－－	－－	沖縄県行幸啓（第44回全国植樹祭にご臨席）	
	4月26日		那覇	14:14	東京国際	16:32		－－			
	7月27日	日本航空	東京国際	7:56	函館	9:10	特別機	－－		北海道行幸啓（北海道南西沖地震に伴う被災地お見舞い）	
		自衛隊	函館	10:01	奥尻	10:38	お召機	－－	陸自ヘリ		
			ファミリーパークグランド	15:10	瀬棚中学校グランド	15:55	お召機	－－			
			瀬棚中学校グランド	17:50	函館	18:50	お召機	－－			
		日本航空	函館	19:25	東京国際	20:45	特別機	－－			
	8月6～7日	－－	東京国際	14:00	ザベンテム	2:05	－－	－－	－－	ベルギー御訪問（ベルギー国王陛下ご葬儀ご参列）	
	8月8～9日		ザベンテム	20:55	東京国際	8:10	－－	－－			
	9月3～4日	航空自衛隊	東京国際	10:45	チャンピーノ	0:00	特別機	JAF001	B747-47C	ヨーロッパ諸国ご訪問	
	9月4日		チャンピーノ	2:00	ガリレオ・ガリレイ	3:00		JAF001			
	9月6日		ガリレオ・ガリレイ	17:35	チャンピーノ	18:30		JAF001			
	9月8日		チャンピーノ	18:30	マルペンサ	21:00		JAF001			
	9月9日		マルペンサ	16:45	メルスブルク	17:45		JAF001			
	9月13日		メルスブルク	18:15	ケルン・ボン	19:05		JAF001			
	9月15日		ケルン・ボン	22:00	テーゲル	23:15		JAF001			
	9月16日	ドイツ国提供機	テーゲル	17:15	エアフルト	18:00	特別機	－－			
			エアフルト	22:50	テーゲル	23:35		－－			
	9月17日	特別機	テーゲル	18:50	フランツ・ヨゼフ・シュトラウス	20:10	特別機	JAF001	B747-47C		
	9月19日		フランツ・ヨゼフ・シュトラウス	3:05	東京国際	14:30		JAF001			
	10月23日	日本エアシステム	東京国際	10:08	徳島	11:17	特別機	－－		徳島県及び香川県行幸（第48回国民体育大会秋季大会ご臨場）	
	10月27日		高松	14:56	東京国際	16:11		－－			
	11月6日	全日本空輸	東京国際	9:55	松山	11:25	特別機	－－		愛媛県及び高知県行幸啓（第13回全国豊かな海づくり大会ご臨席）	
	11月10日		高知	15:21	東京国際	16:36		－－			

※記事の空欄は特記事項なし

資料編

年度	運航月日	事業者等	御発空港(時刻)		御着空港(時刻)		種別	便名	使用機材	行事・目的 等	記事
6年	2月12日	航空自衛隊	東京国際	10:30	硫黄島航空基地	12:55	お召機	--	C 130	東京都行幸啓(東京都小笠原諸島ご視察)	日章旗掲出(地上)
			硫黄島航空基地	14:50	父島基地	16:00		--	US-1A(9080)		
	2月13日	海上自衛隊	父島基地	9:52	村立母島ヘリポート	10:32		--	S-61(8114)		
			村立母島ヘリポート	12:53	父島基地	13:33		--			
	2月14日		父島基地	14:15	東京国際	16:55		--	US-1A(9080)		日章旗掲出(地上)
	6月10～11日	航空自衛隊	東京国際	11:00	ハーツフィールド	0:10	特別機	JAF001	B747-47C	アメリカご訪問	
	6月12日		ハーツフィールド	0:35	チャールストン空軍基地	1:45		JAF001			
			チャールストン空軍基地	6:00	アンドリュース空軍基地	7:25		JAF001			
	6月15～16日	アメリカ合衆国提供機	アンドリュース空軍基地	23:20	シャーロッツヴィル	0:00	--	--	--		
	6月16日		シャーロッツヴィル	3:30	ジョン・F・ケネディ国際	5:00	--	--			
	6月18日	航空自衛隊	ジョン・F・ケネディ国際	1:35	セントルイス国際	4:00	特別機	JAF001	B747-47C		
	6月19日		セントルイス国際	4:55	デンバー・スティプルトン	7:05		JAF001			
	6月21日		デンバー・スティプルトン	5:35	ロス・アンジェルス国際	8:00		JAF001			
	6月23日		ロス・アンジェルス国際	4:55	サン・フランシスコ国際	6:15		JAF001			
	6月24日		サン・フランシスコ国際	9:55	ヒッカム空軍基地	12:15		JAF001			
	6月26日		ヒッカム空軍基地	9:25	東京国際	17:30		JAF001			
	5月20日	全日本空輸	東京国際	10:01	鳥取	11:25	特別機	--	--	鳥取県及び兵庫県行幸啓(第45回全国植樹祭ご臨席)	
	10月2日	航空自衛隊	東京国際	10:08	広島	11:38	特別機	JAF001	B747-47C		政府専用機
		全日本空輸	広島	15:50	関西国際	16:35		--	--		
	10月2～3日	航空自衛隊	関西国際	17:00	フランクフルト	5:35	特別機	JAF001	B747-47C	広島県行幸啓(「第12回アジア競技大会広島1994」開会式ご臨席)、引き続きフランス、スペインご訪問(ドイツお立ち寄り)	
	10月3～4日		フランクフルト	22:45	オルリー	0:00		JAF001			
	10月6～7日		オルリー	23:50	トゥールーズ	1:10		JAF001			
	10月8～9日		トゥールーズ	23:00	パルマ	0:15		JAF001			
	10月10日		パルマ	17:10	マドリッド	18:30		JAF001			
	10月12日		マドリッド	18:30	マタカン空軍基地	19:20		JAF001			
	10月13日		マタカン空軍基地	1:00	バルセロナ	2:20		JAF001			
	10月14日		バルセロナ	1:45	東京国際	14:35		JAF001			
	11月17日	エアーニッポン	東京国際	10:00	石見	11:45	特別機	--	--	島根県及び山口県行幸啓(第14回全国豊かな海づくり大会ご臨席)	
	11月21日	全日本空輸	山口宇部	15:18	東京国際	16:45		--	--		
7年	1月31日	自衛隊	東京国際	7:46	大阪国際	9:13	お召機	--	空自機	兵庫県行幸啓(阪神・淡路大震災被災地のお見舞い)	
			大阪国際	9:40	西宮市民球場	9:46		--	陸自ヘリ		
			さくら銀行浜松グラウンド	14:42	海浜公園球技場	14:50		--			
			海浜公園球技場	15:39	北淡町北側造成地	15:48		--			
			北淡町北側造成地	17:16	大阪国際	17:34		--			
			大阪国際	18:27	東京国際	19:44		--	空自機		
	5月20日	全日本空輸	東京国際	10:00	広島	11:15	特別機	--	--	広島県行幸啓(第46回全国植樹祭にご臨席)	
	5月22日	全日本空輸	広島	15:57	東京国際	17:17		--	--		
	7月26日		東京国際	10:00	長崎	11:50	特別機	--	--	長崎県・広島県行幸啓(戦後50年に当たり)	
	7月27日	日本エアシステム	長崎	10:35	広島	11:30		--	--		
			広島	17:46	東京国際	19:16		--	--		
	8月2日	全日本空輸	東京国際	10:00	那覇	12:35	特別機	--	--	沖縄県行幸啓(戦後50年に当たり)	
			那覇	17:55	東京国際	20:20		--	--		
	11月10日	全日本空輸	東京国際	10:21	長崎	12:26	特別機	--	--	長崎県及び宮崎県行幸啓(第15回全国豊かな海づくり大会ご臨席)	
		陸上自衛隊	長崎	12:37	島原市ヘリコプター離着陸広場	13:06	お召機	--	陸自ヘリ		
	11月11日		島原市ヘリコプター離着陸広場	9:45	長崎	10:20	お召機	--			
		全日本空輸	長崎	11:05	宮崎	11:50	特別機	--	--		
	11月13日	全日本空輸	宮崎	15:56	東京国際	17:31		--	--		
8年	9月15日	全日本空輸	東京国際	10:00	小松	11:05	特別機	--	--	石川県行幸啓(第16回全国豊かな海づくり大会ご臨席)	
	9月18日		小松	16:34	東京国際	17:44		--	--		
	10月11日	日本エアシステム	東京国際	10:00	広島	11:23	特別機	--	--	広島県行幸啓(第51回国民体育大会秋季大会ご臨場)	
	10月13日		広島	16:46	東京国際	18:06		--	--		
9年	5月30日	航空自衛隊	東京国際	11:00	フィンデル	23:20	特別機	JAF001	B747-47C	ブラジル、アルゼンチン(ルクセンブルク、アメリカお立ち寄り)ご訪問	
	5月31～6月1日		フィンデル	22:30	ベレーン	9:05		JAF001			
	6月2～3日		ベレーン	23:05	ブラジリア	1:35		JAF001			
	6月4日		ブラジリア	22:20	コンフィンス	23:40		JAF001			
	6月5日		コンフィンス	4:40	グァルーリョス	6:00		JAF001			
	6月7日		グァルーリョス	5:05	クルチバ	6:10		JAF001			
	6月8日		クルチバ	22:30	ガレオン	23:55		JAF001			
	6月9～10日		ガレオン	23:30	エセイサ	2:45		JAF001			
	6月10日	アルゼンチン国提供機	エセイサ	3:15	アエロパルケ空軍基地	3:35	--	タンゴ03	大統領専用機 B757		
	6月11～12日	航空自衛隊	エセイサ	22:50	ロスアンジェルス	10:50	特別機	JAF001	B747-47C		
	6月13日		ロスアンジェルス	6:00	東京国際	17:50		JAF001			
	10月1日	日本航空	東京国際	10:00	秋田	11:00	特別機	--	--	秋田県及び岩手県行幸啓(第17回全国豊かな海づくり大会ご臨席)	
	10月6日	日本エアシステム	花巻	17:41	東京国際	18:46		--	--		
	10月28日	日本エアシステム	南紀白浜	17:00	東京国際	18:05	特別機	--	--	大阪府及び和歌山県行幸啓(第52回国民体育大会秋季大会ご臨場)	
10年	11月14日	全日本空輸	東京国際	10:20	徳島	11:40	特別機	--	--	徳島県行幸啓(第18回全国豊かな海づくり大会ご臨席)	
	11月16日		徳島	16:34	東京国際	17:44		--	--		
11年	8月17日	全日本空輸	東京国際	10:05	函館	11:25	特別機	--	--	北海道行幸啓(北海道南西沖地震災害復興状況ご視察)	
	8月20日		函館	16:36	東京国際	17:56		--	--		
	10月22日	日本エアシステム	東京国際	10:00	熊本	11:50	特別機	--	--	熊本県行幸啓(第54回国民体育大会秋季大会ご臨場)	
	10月24日		熊本	16:51	東京国際	18:26		--	--		
	11月16日	日本航空	東京国際	10:00	関西国際	11:15	特別機	--	--	大阪府及び京都府行幸啓(地方事情ご視察)	
12年	4月22日	全日本空輸	東京国際	10:00	大分	11:30	特別機	--	--	大分県行幸啓(第51回全国植樹祭ご臨席)	
	4月24日		大分	16:20	東京国際	17:50		--	--		
	5月20日	航空自衛隊	東京国際	11:00	ジュネーブ	23:40	特別機	JAF001	B747-47C	オランダ、スウェーデン(スイス、フィンランドお立ち寄り)ご訪問	
	5月23日		ジュネーブ	16:25	スキポール	18:00		JAF001			
	5月26日		スキポール	18:30	ヘルシンキ	21:00		JAF001			
	5月28日		ヘルシンキ	20:40	ストックホルム	21:55		JAF001			
	6月1日		ストックホルム	0:00	東京国際	10:00		JAF001			
	10月2日	日本航空	大阪国際	17:10	東京国際	18:12	特別機	--	--	京都府行幸啓(第20回全国豊かな海づくり大会ご臨席)	
	10月13日	全日本空輸	東京国際	10:00	富山	11:00	特別機	--	--	富山県行幸啓(第55回国民体育大会秋季大会ご臨場)	
	10月15日		富山	17:25	東京国際	18:30		--	--		
	11月15日	全日本空輸	東京国際	10:00	岡山	11:20	特別機	--	--	岡山県行幸啓(地方事情ご視察)	
	11月18日		岡山	10:55	東京国際	12:00		--	--		
13年	4月23日	全日本空輸	東京国際	10:00	大阪国際	11:00	特別機	--	--	兵庫県行幸啓(阪神・淡路大震災復興状況ご視察)	
	4月26日		大阪国際	16:00	東京国際	17:05		--	--		
	7月26日	警視庁	東京ヘリポート	9:46	新島	10:52	お召機	--	警視庁ヘリ(おおぞら)JA01MP	東京都行幸啓(新島、神津島及び三宅島災害状況ご視察)	※三宅島は、神津島からの帰路、上空から御視察
			新島	13:58	神津島	14:19		--			
			神津島	16:26	東京ヘリポート	18:04		--			

※記事の空欄は特記事項なし

資料編

年度	運航月日	事業者等	御発空港（時刻）		御着空港（時刻）		種別	便名	使用機材	行事・目的等	記事
14年	6月1日	全日本空輸	東京国際	10:30	山 形	11:25	特別機	--	--	山形県行幸啓（第53回全国植樹祭ご臨席）	
	6月4日		庄 内	13:05	東京国際	14:05					
	7月6日	航空自衛隊	東京国際	11:00	ルズィェ政府専用	22:30	特別機	JAF001	B747-47C	ポーランド、ハンガリー（チェコ、オーストリアお立ち寄り）ご訪問	
	7月9日		ルズィェ政府専用	17:10	オケンチェ	18:25		JAF001			
	7月11日	ポーランド国提供機	オケンチェ	17:20	パリツェ	18:00	--	--	大統領専用機		
	7月12日		パリツェ	0:30	オケンチェ	1:10					
	7月13日	航空自衛隊	オケンチェ	17:00	ウィーン国際	18:25	特別機	JAF001	B747-47C		
	7月16日		ウィーン国際	17:30	フェリヘジ国際	18:30		JAF001			
	7月20日		フェリヘジ国際	3:05	東京国際	14:00					
	9月28日	日本航空	新東京国際	10:30	チューリッヒ	22:55	(定期便混乗)	JL451	--	スイスご訪問	皇后陛下おひと方
	10月3日		チューリッヒ	1:50	新東京国際	1:50		JL452			
	10月25日	全日本空輸	東京国際	10:00	高 知	11:15	特別機	--	--	高知県行幸啓（第57回国民体育大会秋季大会ご臨場）	
	10月27日		高 知	17:05	東京国際	18:20					
	11月16日	エアーニッポン	東京国際	9:55	長 崎	12:05	特別機	--	--	長崎県行幸啓（第22回全国豊かな海づくり大会ご臨席）	
	11月18日		長 崎	16:35	福 江	17:05					
	11月19日		福 江	13:40	東京国際	15:15					
15年	1月31日	日本エアシステム	東京国際		青 森		特別機	--	--	青森県行幸啓（第5回アジア冬季競技大会青森2003ご臨場）	※天皇陛下ご入院の為お取りやめ
	2月2日		青 森		東京国際						
	7月1日	全日本空輸	東京国際	9:30	新千歳	11:00	特別機	--	--	北海道行幸啓（有珠山噴火災害復興状況及び地方事情をご視察、並びに第23回国際測地学・地球物理学連合2003年総会歓迎式典ご臨席）	
	7月5日		旭 川	10:45	東京国際	12:25					
	10月3日	日本エアシステム	東京国際	10:30	出 雲	11:50	特別機	--	--	島根県行幸啓（第23回全国豊かな海づくり大会ご臨席）	
	10月6日	全日本空輸	石 見	16:35	東京国際	18:00					
	11月14日		東京国際	10:00	鹿児島	11:50		--	--	鹿児島県行幸啓（奄美群島日本復帰50周年記念式典ご臨席）	
	11月15日	日本エアシステム	鹿児島	14:50	奄 美	15:45	特別機				
	11月17日		奄 美	14:10	東京国際	16:15					
16年	1月23日	日本航空	東京国際	10:00	那 覇	12:55		--	--	沖縄県行幸啓（国立劇場おきなわ開場記念公演ご臨席）	
	1月24日		那 覇	15:20	宮 古	16:10	特別機				
	1月25日	日本トランスオーシャン航空	宮 古	17:00	石 垣	17:35					
	1月26日		石 垣	15:20	那 覇	16:10					
			那 覇	16:55	東京国際	19:05					
	4月24日	全日本空輸	東京国際	10:00	宮 崎	11:40	特別機	--	--	宮崎県行幸啓（第55回全国植樹祭ご臨席）	
	4月27日		宮 崎	11:50	東京国際	13:25					
	7月13日		東京国際	10:00	富 山	11:00	特別機	2001	--	岐阜県行幸啓（東京大学宇宙線研究所 神岡宇宙素粒子研究施設ご視察）	
			富 山	17:35	東京国際	18:40		2002			
	10月2日		東京国際	10:00	高 松	11:10	特別機	--	A320-211 (JA8304)	香川県行幸啓（第24回全国豊かな海づくり大会ご臨席）	
	10月5日		高 松	15:05	東京国際	16:20					
	11月6日	自衛隊	東京国際	9:37	新 潟	10:35	お召機	JAF001	U-4	新潟県行幸啓（新潟県中越地震災害に伴う被災地お見舞い）	航空自衛隊
			新 潟	11:14	長岡商業高等学校グランドヘリポート	11:52		--	--		
			長岡商業高等学校グランドヘリポート	14:18	白山運動公園ヘリポート	14:32		--	AS332L スーパーピューマ		陸上自衛隊
			白山運動公園ヘリポート	16:22	川口中学校ヘリポート	16:31		--			
			川口中学校ヘリポート	17:32	新 潟	17:56		--			
			新 潟	18:36	東京国際	19:25		JAF001	U-4		航空自衛隊
17年	1月16日	日本航空	東京国際	10:00	大阪国際	11:00	特別機	--	--	兵庫県行幸啓（阪神・淡路大震災10周年のつどい及び国連防災世界会議開会式ご臨席）	
	1月18日		大阪国際	14:30	東京国際	15:35					
	5月7日	航空自衛隊	東京国際	11:00	ダブリン	23:35	特別機	JAF001	B747-47C	ノルウェー（アイルランドお立ち寄り）ご訪問	
	5月10日		ダブリン	18:00	ガルデモーエン軍用基地	20:15		JAF001			
	5月12日		ガルデモーエン軍用基地	18:00	ヴェルネス	19:10		JAF001			
	5月14日		トロンハイム	1:05	東京国際	11:30		JAF001			
	6月27日	航空自衛隊	東京国際	12:20	サイパン	15:40	特別機	JAF001	B747-47C	サイパンご訪問	
	6月28日		サイパン	15:45	東京国際	19:00		JAF001			
	8月23日	全日本空輸	大阪国際	14:25	東京国際	15:30	特別機	2004	エアバスA320	京都府・兵庫県・大阪府行幸啓（第18回世界心身医学会議開会式ご臨席（兵庫県））	
	10月21日	全日本空輸	東京国際	11:45	岡 山	13:00	特別機	2001	エアバスA320	岡山県行幸啓（第60回国民体育大会秋季大会ご臨場）	
	10月24日		岡 山	15:50	東京国際	17:00		2002			
18年	3月7日	警視庁	東京ヘリポート	10:00	三宅島	11:10	お召機	--	警視庁ヘリおおぞら1号	三宅島行幸啓（三宅島噴火被害による全島避難から帰島後1年を迎えた島内状況ご視察）	
			三宅島	16:25	東京ヘリポート	17:35					
	6月8日	航空自衛隊	東京国際	10:30	シンガポール	17:15	特別機	JAF001	B747-47C	シンガポール、タイ（マレーシアお立ち寄り）ご訪問	
	6月10日	（チャーター機）	シンガポール	11:00	イポー	12:00		--	--		
			イポー	18:00	クアラルンプール	18:45		--			
	6月11日	航空自衛隊	クアラルンプール	13:30	バンコク	15:40		JAF001	B747-47C		
	6月15日		バンコク	12:10	東京国際	19:00		JAF001			
	9月5日	全日本空輸	東京国際	11:00	新千歳	12:35	特別機	--	--	北海道行幸啓（第16回国際顕微鏡学会議記念式典ご臨席）	
	9月9日	日本航空ジャパン	十勝帯広	16:50	東京国際	18:30					
	9月29日	日本航空ジャパン	東京国際	10:50	神 戸	12:10	特別機	--	--	兵庫県行幸啓（第61回国民体育大会ご臨場）	
	10月1日		神 戸	12:50	東京国際	14:05					
	10月28日	全日本空輸	東京国際	10:30	佐 賀	12:20	特別機	--	--	佐賀県行幸啓（第26回全国豊かな海づくり大会ご臨席）	
	10月31日		佐 賀	12:25	東京国際	14:05					
19年	5月21日	航空自衛隊	東京国際	11:00	ストックホルム	21:40	特別機	JAF001	B747-47C	ヨーロッパ諸国ご訪問	
	5月24日		アーランダ	16:50	タリン	18:00		JAF001			
	5月25日		タリン	16:55	リガ国際	18:00		JAF001			
	5月26日		リガ国際	16:30	ビリニュス	17:30		JAF001			
	5月27日		ビリニュス	17:00	ヒースロー	19:55		JAF001			
	5月30日		ヒースロー	6:00	東京国際	7:40		JAF001			
	6月23日	全日本空輸	東京国際	11:00	新千歳	12:35	特別機	2011	A320	北海道行幸啓（第58回全国植樹祭ご臨場）	
	6月26日		新千歳	12:00	東京国際	13:30		2012			
	8月25日		東京国際	10:00	大阪国際	11:00	特別機	2001		大阪府行幸啓（第11回IAAF世界陸上選手権大阪大会ご臨席）	
	8月27日		大阪国際	10:50	東京国際	11:55		2002			
	9月28日	日本航空インターナショナル	東京国際	10:30	秋 田	11:35	特別機	--	--	秋田県行幸啓（第62回国民体育大会ご臨場）	
	9月30日		秋 田	16:50	東京国際	17:55		--			
	10月29日	全日本空輸	東京国際	12:20	福 岡	13:45	特別機	2001	A320	福岡県行幸啓（福岡県西方沖地震被災者ご訪問）	
	10月31日		福 岡	14:35	東京国際	16:10		2002			
20年	6月14日	全日本空輸	東京国際	10:30	大館能代	11:35	特別機	2001	A320	秋田県行幸啓（第59回全国植樹祭ご臨場）	
	6月16日		大館能代	13:30	東京国際	15:00		2002			
	9月26日	日本航空インターナショナル	東京国際	11:30	大 分	13:05	特別機	--	--	大分県行幸啓（第63回国民体育大会ご臨場）	
	9月28日		大 分	16:30	東京国際	17:55		--			

※記事の空欄は特記事項なし

資料編

年度	運航月日	事業者等	御発空港（時刻）		御着空港（時刻）		種別	便名	使用機材	行事・目的等	記事
21年	6月6日	全日本空輸	東京国際	10:30	小松	11:30	特別機	2001	A320	福井県行幸啓（第60回全国植樹祭ご臨場）	
	6月8日		小松	15:50	東京国際	16:55		2002			
	7月3～4日	航空自衛隊	東京国際	15:00	マクドナルド・カルティエ国際	3:10	特別機	JAF001	B747-47C	カナダ、アメリカ御訪問	
	7月9日		マクドナルド・カルティエ国際	3:15	レスター・ピアソン国際	4:30	特別機	JAF001			
	7月11日		レスター・ピアソン国際	1:15	バンクーバー国際	6:10		JAF001			
	7月11日	（チャーター機）	バンクーバー国際	8:00	ビクトリア国際	8:40	－－	－－			
	7月13日		ビクトリア国際	5:20	バンクーバー国際	6:00	－－				
	7月15日	航空自衛隊	バンクーバー国際	4:00	ヒッカム空軍基地	10:00	特別機	JAF001	B747-47C		
	7月17日		ヒッカム空軍基地	4:40	コナ	5:35		JAF001			
			コナ	10:45	東京国際	19:00		JAF001			
	11月16日	全日本空輸	東京国際	17:00	大阪国際	18:05	特別機	2001	A320	大阪府及び京都府行幸啓（京都御所茶会ご臨席）	
22年	6月15日	全日本空輸	中部国際	15:10	東京国際	16:10	特別機	2002	A320	岐阜県及び愛知県行幸啓（第30回全国豊かな海づくり大会ご臨席）	往路：新幹線
	10月10日	全日本空輸	大阪国際	17:15	東京国際	18:30	特別機	2002	A320	奈良県行幸啓（平城遷都1300年記念祝典ご臨席）	往路：新幹線～近鉄
23年	4月27日	自衛隊	東京国際	9:30	松島基地	10:35		JAF001	空自U4	宮城県行幸啓（東日本大震災に伴う被災地お見舞い）	
			松島基地	12:40	南三陸町伊里前小学校	13:10	お召機	－－	陸自ヘリ		
			南三陸町伊里前小学校	15:18	仙台市民球場	15:48		－－			
			仙台市民球場	17:21	松島基地	17:36		－－			
			松島基地	18:20	東京国際	19:40		JAF001	空自U4		
	5月6日	自衛隊	東京国際	9:30	花巻	10:45		JAF001	空自U4	岩手県行幸啓（東日本大震災に伴う被災地お見舞い）	
			花巻	12:30	釜石市陸上競技場	13:00	お召機	－－	陸自ヘリ		
			釜石市陸上競技場	14:58	合同資源産業株式会社宮古精錬所事務所	15:18		－－			
			合同資源産業株式会社宮古精錬所事務所	16:56	花巻	17:36		－－			
			花巻	18:15	東京国際	19:40		JAF001	空自U4		
	5月11日	自衛隊	東京国際	9:30	福島	10:15		JAF001	空自U4	福島県行幸啓（東日本大震災に伴う被災地お見舞い）	
			福島	11:07	あづま陸上競技場	11:37	お召機	－－	陸自ヘリ		
			あづま陸上競技場	14:25	相馬光陽サッカー場	14:52		－－			
			相馬光陽サッカー場	17:15	福島	17:56		－－			
			福島	18:30	東京国際	19:20		JAF001	空自U4		
	5月21日	日本航空	東京国際	10:45	南紀白浜	12:05	特別機	JL4907	B737-800	和歌山県行幸啓（第62回全国植樹祭ご臨場）	東日本大震災に伴い1泊2日に短縮
	5月22日		南紀白浜	16:15	東京国際	17:25		JL4908			
	9月9日	全日本空輸	東京国際	13:40	新千歳	15:10	特別機	2001	A320	北海道行幸（国際微生物学連合2011会議記念式典ご臨席）	皇后陛下お取りやめ
	9月12日		新千歳	16:10	東京国際	17:45		2002			
	9月30日		東京国際	11:20	山口宇部	13:00	特別機	2001		山口県行幸啓（第66回国民体育大会ご臨場）	
	10月2日		山口宇部	17:10	東京国際	18:40		2002			
	10月29日		東京国際	11:25	鳥取	12:40	特別機	2001		鳥取県行幸啓（第31回全国豊かな海づくり大会ご臨席）	
	10月31日		鳥取	17:05	東京国際	18:20		2002			
24年	5月16日	航空自衛隊	東京国際	10:45	ヒースロー	23:00	特別機	JAF001	B747-47C	英国ご訪問	
	5月20日		ヒースロー	0:30	東京国際	12:10		JAF001			
	5月26日	全日本空輸	東京国際	11:40	山口宇部	13:20	特別機	2001	A320	山口県行幸啓（第63回全国植樹祭ご臨場）	機内御昼食
	5月28日		山口宇部	16:15	東京国際	17:50		2002			
	11月17日	日本航空	東京国際	10:00	那覇	12:55	特別機	JL4901	B737-800	沖縄県行幸啓（第32回全国豊かな海づくり大会ご臨席）	
	11月20日		那覇	10:00	久米島	10:35		JL4903			
			久米島	15:40	東京国際	18:05		JL4904			
25年	5月25日	全日本空輸	東京国際	11:30	米子	12:50	特別機	2001	B737-800	鳥取県行幸啓（第64回全国植樹祭ご臨場）	
	5月27日		米子	15:15	東京国際	16:35		2002			
	6月25日		大阪国際	14:20	東京国際	15:30	特別機	2002		京都府及び大阪府行幸啓（第11回世界生物学的精神医学会国際会議開会式ご臨席）	往路：新幹線
	10月26日		東京国際	10:35	熊本	12:25	特別機	2001		熊本県行幸啓（第33回全国豊かな海づくり大会ご臨席）	
	10月28日		熊本	14:40	東京国際	16:15		2002			
	11月30日	航空自衛隊	東京国際	11:00	パラム空軍基地	20:40	特別機	JAF001	B747-47C	インドご訪問	
	12月4日		パラム空軍基地	14:30	チェンナイ	17:25		JAF001			
	12月6日		チェンナイ	2:40	東京国際	10:00		JAF001			
26年	2月28日	全日本空輸	東京国際	10:35	大島	11:10	特別機	2001	B737-700	伊豆大島（東京都大島町）行幸啓（平成25年台風第26号による被災地ご訪問）	
			大島	15:30	東京国際	16:00		2002			
	6月26日		東京国際	10:35	那覇	13:30	特別機	2001	B737-800	沖縄県行幸啓（対馬丸犠牲者の慰霊）	
	6月27日		那覇	14:35	東京国際	17:00		2002			
	9月25日	日本航空	青森	16:40	東京国際	18:00	特別機	JL4902		青森県行幸啓（ご訪問）	往路：新幹線
	10月11日	全日本空輸	東京国際	11:05	長崎	13:00	特別機	2001	B737-800	長崎県行幸啓（第69回国民体育大会ご臨場）	悪天候により御日程を繰り上げ（13日お取りやめ）
	10月12日		長崎	16:20	東京国際	18:00		2002			
	12月3日	日本航空	東京国際	11:10	広島	12:45	特別機	JL4903	B737-800	広島県行幸啓（平成26年8月豪雨による被災地お見舞い）	
	12月4日		広島	15:55	東京国際	17:15		JL4906			
	12月11日	航空自衛隊	東京国際	11:00	ブリュッセル・メルスブルク軍用空港	15:50（現地時間）	お召機	－－	政府専用機（B747-47C）	ベルギー行啓（ご訪問／ベルギー元国王妃ファビオラ陛下国葬ご参列のため）	皇后陛下おひと方 ※ご帰京13日
	12月12日		ブリュッセル・メルスブルク軍用空港	19:05（現地時間）	東京国際	15:00		－－			
27年	1月16日	全日本空輸	東京国際	11:50	神戸	13:05	特別機	2001	B737-800	兵庫県行幸啓（1.17のつどい－阪神・淡路大震災20年追悼式典－ご臨席）	
	1月17日		神戸	15:30	東京国際	16:45		2002			
	3月13日	全日本空輸	東京国際	11:45	仙台	13:00	特別機	2001	B737-800	宮城県行幸啓（第3回国連防災世界会議開会式ご臨席）	復路：新幹線
	4月8日	全日本空輸	東京国際	11:20	パラオ国際	16:05	特別機	1951	B767-300（JA625A）	パラオ国行幸啓（ご訪問／友好親善及び慰霊につき）	海上保安庁巡視船は、マラカル湾（コロール島・西方）錨泊 ※時刻は全て日本時間（現地と時差なし）
	4月9日	海上保安庁	パラオ国際	22:57	巡視船あきつしま	23:09	お召機	MH690	スーパーピューマ225（JA690A）あきたか2号		
			巡視船あきつしま	9:40	ペリリュー島飛行場	9:56					
			ペリリュー島飛行場	12:49	パラオ国際	13:12					
		全日本空輸	パラオ国際	16:45	東京国際	21:20	特別機	1952	（往路に同じ）		
	5月18日	全日本空輸	小松	14:45	東京国際	15:55	特別機	2002	B737-800	石川県行幸啓（第66回全国植樹祭ご臨場）	往路：新幹線
	6月18日	日本航空	山形	16:45	東京国際	17:50	特別機	JL4902	B737-800	宮城県及び山形県行幸啓（ご訪問）	往路：新幹線
	9月25日	日本航空	東京国際	11:05	南紀白浜	12:50	特別機	JL4901	B737-800	和歌山県行幸啓（第70回国民体育大会ご臨場）	機内御昼食
	9月27日		南紀白浜	16:10	東京国際	17:20		JL4902			
	10月3日	全日本空輸	東京国際	11:00	大分	12:40	特別機	2001	B737-800	大分県行幸啓（太陽の家創立50周年記念式典ご臨席）	
	10月4日		大分	16:15	東京国際	17:50		2002			
	10月26日	全日本空輸	富山	15:00	東京国際	16:05	特別機	2002	B737-800	富山県行幸啓（第35回全国豊かな海づくり大会ご臨席）	往路：新幹線

※記事の空欄は特記事項なし

資料編

年度	運航月日	事業者等	御発空港（時刻）		御着空港（時刻）		種別	便名	使用機材	行事・目的等	記事
28年	1月26日	航空自衛隊	東京国際	11:00	ニノイ・アキノ国際	15:50	特別機	JAF001	政府専用機（B747-47C）	フィリピン国行幸啓（御訪問／フィリピン国招請につき）	
	1月29日	海上保安庁	マニラ国際会議場ヘリパット	10:21	カラリア（ゴルフ場）	10:50	お召機	MH690	スーパーピューマ225（JA690A）あきたか2号		※時刻は現地時間（日本時間＋1時間）
			カラリア（ゴルフ場）	14:39	ロスバニョス（フィリピン大学グラウンド）	14:54					
			ロスバニョス（フィリピン大学グラウンド）	16:57	マニラ国際会議場ヘリパット	17:16					
	1月30日	航空自衛隊	ニノイ・アキノ国際	12:50	東京国際	17:45	特別機	JAF001	政府専用機（B747-47C）		
	5月19日	全日本空輸	東京国際	10:30	熊本	12:15	特別機	2001	B737-800	熊本県行幸啓（熊本地震による被災地お見舞い）	機内御昼食
			熊本	18:40	東京国際	20:20		2002			機内御夕食
	9月10日		東京国際	11:45	庄内	13:00	特別機	2001		山形県行幸啓（第36回全国豊かな海づくり大会ご臨席）	機内御昼食
	9月12日		庄内	14:55	東京国際	16:05		2002			
	9月28日	日本航空	東京国際	10:55	花巻	12:15	特別機	JL4901	B737-800	岩手県行幸啓（第71回国民体育大会ご臨場）	復路：新幹線
29年	2月28日	航空自衛隊	東京国際	11:00	ノイバイ国際	17:15	特別機	JAF001	政府専用機（B747-47C）	ベトナム（タイお立ち寄り）ご訪問	
	3月3日		ノイバイ国際	16:45	フーバイ国際	18:15		JAF001			
	3月5日		フーバイ国際	13:50	ドンムアン国際	15:45		JAF001			
	3月6日		ドンムアン国際	14:00	東京国際	21:45		JAF001			
	5月29日	全日本空輸	富山	14:40	東京国際	15:45	特別機	2002	B737-800（JA78AN）	富山県行幸啓（第68回全国植樹祭ご臨場）	往路：新幹線
	9月29日	全日本空輸	東京国際	12:00	松山	13:25	特別機	2001	B737-800	愛媛県行幸啓（第72回国民体育大会ご臨場）	機内御昼食
	10月1日		松山	15:15	東京国際	16:45		2002			
	10月28日	全日本空輸	東京国際	10:15	福岡	12:10	特別機	2001	B737-800（JA78AN）	福岡県及び大分県行幸啓（平成29年7月九州北部豪雨による被災地お見舞い引き続き第37回全国豊かな海づくり大会ご臨席）	機内御昼食
	10月30日		北九州	14:35	東京国際	16:15		2002			
	11月16日	日本航空	東京国際	9:40	鹿児島	11:30		JL4901	B737-800（JA307J）	鹿児島県行幸啓（地方事情ご視察）	機内御昼食
		日本エアコミューター	鹿児島	12:25	屋久島	13:00		JC4981	Q400		
			屋久島	15:05	沖永良部	16:15	特別機	JC4983			
	11月17日		沖永良部	11:05	与論	11:30		JC4985			国旗掲出せず
			与論	16:00	沖永良部	16:25		JC4980			
	11月18日		沖永良部	14:40	鹿児島	15:50		JC4982			
		日本航空	鹿児島	16:35	東京国際	18:10		JL4902	B737-800		
30年	3月27日	全日本空輸	東京国際	10:35	那覇	13:30		2001	B737-800（JA84AN）	沖縄県行幸啓（地方事情ご視察）	機内御昼食
	3月28日	日本トランスオーシャン航空	那覇	10:30	与那国	11:45	特別機	NU3941	B737-800		
			与那国	16:55	那覇	18:00		NU3944			
	3月29日	日本航空	那覇	14:00	東京国際	16:25		JL4902			
	8月3日	日本航空	東京国際	11:20	新千歳	13:00		JL4901	B737-800（JA306J）	北海道行幸啓（北海道150年記念式典ご臨席）	機内御昼食
	8月4日	ジェイエア	札幌丘珠	10:50	利尻	11:45	特別機	JL4921	E170		
			利尻	17:00	札幌丘珠	17:55		JL4922			
	8月5日	日本航空	新千歳	14:45	東京国際	16:25		JL4902	（往路に同じ）		
	9月14日	日本航空	東京国際	10:31	広島 岡山	11:47	特別機	JL4901	B737-800	岡山県行幸啓（西日本豪雨被災地お見舞い）	※13日お取りやめ→延期、14日は岡山県倉敷市のみ御訪問 ※広島県呉市御訪問は天候不良により再度お取りやめ（再延期）
		陸上自衛隊	広島 岡山	12:12	真備総合公園臨時ヘリポート	12:26	お召機	--	スーパーピューマEC225LP（JG-1024）		
			真備総合公園臨時ヘリポート	14:20	岡山	14:36		--			
		日本航空	岡山	15:03	東京国際	16:19	特別機	JL4902	B737-800		
	9月21日	日本航空	東京国際	10:28	松山	11:57	特別機	JL4901	B737-800	愛媛県・広島県行幸啓（被災地お見舞い）	天候不良につき、9月20日から延期 ※広島県呉市御訪問は当初日程の延期による繰り越し
		陸上自衛隊	松山	12:27	野村運動公園	12:52	お召機	--	スーパーピューマEC225LP（JG-1024）		
			野村運動公園	14:38	呉市二河野球場	15:09		--			
			呉市二河野球場	16:27	松山	16:48		--			
		日本航空	松山	17:27	東京国際	18:54	特別機	JL4902			
	9月28日	日本航空	東京国際	11:10	小松	12:25	特別機	JL4901	B737-800（JA306J）	福井県行幸啓（第73回国民体育大会ご臨場）	機内御昼食
	9月29日		小松	16:00	東京国際	17:15		JL4902			※台風接近により日程を1日繰り上げ
	10月27日	日本航空	東京国際	10:40	高知	12:10	特別機	JL4901	B737-800（JA306J）	高知県行幸啓（第38回全国豊かな海づくり大会ご臨席）	機内御昼食
	10月29日		高知	14:35	東京国際	16:00		JL4902			
	11月15日	日本航空	東京国際	10:30	新千歳	12:05	特別機	JL4901	B737-800	北海道行幸啓（平成30年9月震災による被災地お見舞い）	
			新千歳	16:20	東京国際	18:00		JL4902			

※記事の空欄は特記事項なし

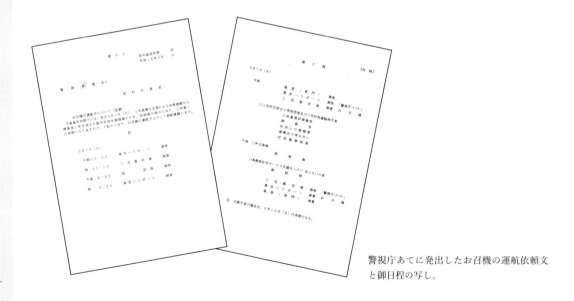

警視庁あてに発出したお召機の運航依頼文と御日程の写し。

お召船(船舶)航行記録

平成年度　お召船(船舶)航行記録簿

◆表中の名称は航行当時のもの

年度	航行月日	事業者等	御発港(時刻)		御着港(時刻)		種別	使用船舶	行事・目的等	記事
5年	9月15日	(ドイツ国)	ビンゲン埠頭	11:50	ボッパルト埠頭	14:00	－－	マインツ号	ヨーロッパ諸国ご訪問　コール首相夫妻主催船上午餐会	※現地時間
9年	6月1日	(ブラジル国)	トラビシェ乗船場	9:50	エスカジャーニャ港	10:50	－－	－－	ブラジル・アルゼンチンご訪問　アマゾン河船上御視察	※現地時間
11年	8月19日	東日本海フェリー	瀬棚港フェリーターミナル	10:20	奥尻港フェリーターミナル	11:55	お召船(定期便)	アヴローラおくしり	北海道行幸啓(北海道南西沖地震災害復興状況)	天皇旗を立てる
			奥尻港フェリーターミナル	17:40	瀬棚港フェリーターミナル	19:55	お召船			
12年	5月30日	(スウェーデン国)	リッダールホルメン波止場	12:40	ストックホルム市庁舎	13:00	－－	王宮清船ヴァーサオデン号	オランダ・スウェーデンご訪問　ご視察及び船上ご昼食	※現地時間
	5月31日		マリエフレード	13:10	リッダールホルメン波止場	15:15	－－	シンデレラⅡ世号		
13年	3月28日	海上保安庁	海洋科学技術センター	16:56	東京海上保安部専用桟橋	18:24	お召船	まつなみ	神奈川県行幸啓(ノルウェー国王王妃両陛下[国賓]ご案内)	荒天時は、自動車お列として計画
16年	10月4日	小豆島フェリー	高松	10:18	内海	10:58	お召船	スーパーマリン2	香川県行幸啓(第24回全国豊かな海づくり大会ご臨席)	天皇旗を立てる
			土庄	16:10	高松	16:42	お召船			
17年	5月13日	(ノルウェー国)	オールドタウンブリッジ傍らの船着き場	14:10	ラウンクロア船着場	14:30	お召船	－－	ノルウェー御訪問ニデルヴァ川(トロンハイム市内)船上ご視察	※現地時間
19年	10月30日	福岡市営渡船	中央ふ頭イベントバース	10:46	玄海島港桟橋	11:21	お召船	きんいん3	福岡県行幸啓(福岡県西方沖地震被災者ご訪問)	天皇旗を立てる
			玄海島港桟橋	14:41	中央ふ頭イベントバース	15:16	お召船			
	11月11日	琵琶湖汽船	大津港桟橋	14:23	烏丸半島船着場	14:53	お召船	リオグランデ	滋賀県行幸啓(第27回全国豊かな海づくり大会ご臨席)	天皇旗を立てる
27年	4月8日～9日	海上保安庁	ペリリュー島湾内錨泊(両陛下御泊船)		23:09～翌日9:40		お召船	巡視船あきつしま	パラオ国行幸啓(ご訪問／友好親善及び慰霊につき)	業務協力

【注記】　葉山御用邸での和船は除く。

【お召船(船舶)航行記録】　解説

　この表は、平成の30年間に運航した「お召船」等、天皇皇后両陛下の船舶ご利用履歴をまとめたものである。運航時刻は計画された時刻及び日本時間を基本とするが、実際の御発着時刻(記録時刻)や現地時間(記事欄に注記)を記したものもある。国名や港名等のカタカナ表記は、当時の資料の書きぶりのままとした。

　天皇旗の船体への掲出有無は記事欄に記載した。海外でのご利用船舶名についても、調査の限り記載した。

　葉山御用邸での「和船」のご利用については、本表からは割愛した。

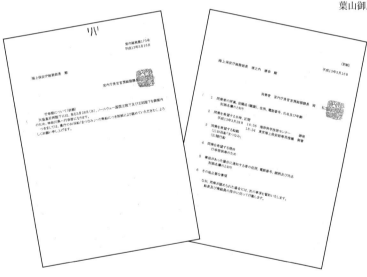

海上保安庁あてに発出したお召船の運航依頼と乗船申請書。

あとがき

　お召列車だけの専門書をいつか出版したいと考えていた。中学生の時に初めて手にしたお召列車の専門書である星山一男氏の「お召列車百年」は、その後の自身の活動に大きな影響を与えた一冊であった。刊行されたのが昭和48年であったこともあり、続編の登場を待ち望んだことは言うまでもない。その後はそれらしい本の登場は望めず、昭和58年から自らの手で収集した記録を一つの形にしたいと思い、構想は実に20年にも及んだ。そして天皇皇后両陛下の30年にわたる行幸啓を編纂する中で、皇室と乗り物全般を取り纏めた書があっても良いのではないか、そう思ったのが本書発刊のきっかけとなった。

　明治期からの変遷を知る資料として、宮内公文書館にはたいへんお世話になった。同館には皇室に関わる明治期からの資料類が現物で大切に保管されている。これらの現物を手に（一部はデジタル化したものを閲覧）していると、自分自身がその時代に生存していたかの如く錯覚するほど保存状態が良いものばかりであった。過去の文書とはいえども、プライバシーに関する部分は閲覧することができない。そこで閲覧の範囲を広げたり、武官の当直日誌等に見られる明治・大正期の崩し文字を読み解いていくことにより、多くの不明点が解決へとつながった。

　編纂を終えて皇室と乗り物の歴史を振り返ると、資料集めや事実確認の作業量は当初の想像をはるかに超え、困難を極めた。明治期に始まる馬車歴簿は、歴史的事実とそれを支えた先人の職責の足跡に学び、一字一句、史実を間違えてはならないという思いに駆られた。古写真についても明治天皇御手許資料という、どれも初見であろう貴重な写真ばかりで選定に悩んだことは言うまでもない。

　図面についても古写真同様に貴重なものばかりで、もはやこれだけで一冊の本が仕上がると思うばかりの量であった。

　馬車、鉄道、自動車、飛行機、船舶。この先、新しく乗り物の種類が増えるとしたら何になるのであろうか。この書がそんな時代になっても通用するバイブルの一冊となることを願ってやまない。

　最後に、ご指導・ご協力を賜った親しい方々や関係各位に改めて心から感謝し、厚く御礼を申し上げる。

工藤直通

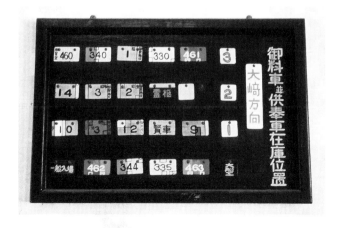

天皇陛下と皇族方の乗り物物語

2019年3月25日　第1刷発行

著者 ❖ 工藤直通（くどうなおみち）

編者 ❖ 講談社ビーシー編集部　梅木智晴
　　　有限会社　プロップ・アイ　井関恵朗

装幀・本文デザイン ❖ 緒方修一

発行者 ❖ 川端下誠／峰岸延也

　　　株式会社　講談社ビーシー
編集発行 ❖ 〒112-0013　東京都文京区音羽1-2-2
　　　電話　03-3941-2429（編集部）

　　　株式会社　講談社
発売発行 ❖ 〒112-8001　東京都文京区音羽2-12-21
　　　電話　03-5395-4415（販売）
　　　電話　03-5395-3615（業務）

印刷所 ❖ 図書印刷株式会社

製本所 ❖ 図書印刷株式会社

■資料写真提供（※敬称略、順不同）
宮内庁、宮内公文書館、外務省、日本国有鉄道、東日本旅客鉄道、東京都立中央図書館、香川県、東京都、栃木県、福岡県、航空自衛隊、海上保安庁、わたらせ渓谷鐵道、新日本海フェリー、内海フェリー、全日本空輸、日本航空、
株式会社荻野屋、赤坂康孝、有村拓真、安藤俊夫、小野田滋、河西修、庄司智彰、髙橋弘喜、田中幸男、富井信浩、服部朗宏、吉川宗孝

■参考文献
幸啓録（宮内公文書館蔵）、天皇の御料車（小林彰太郎／二玄社）、お召列車百年（星山一男／鉄道図書刊行会）、御料車（日本国有鉄道大井工場）、御料車物語（田邊幸夫／レールウェーシステムリサーチ）、自動車三十年史（柳田諒三／山水社）、自動車日本史上巻（尾崎正久／自研社）、日本自動車史の資料的研究第12報（大須賀和美／中日本自動車短期大学論叢第17号（1987）抜刷）、日産自動車開発の歴史（上）（日産自動車開発の歴史編集委員会編）、行幸啓誌（各都道府県）

本書のコピー、スキャン、デジタル化等の無断複製は著作権法上での例外を除き、禁じられています。本書を代行業者等の第三者に依頼してスキャンやデジタル化することは、たとえ個人や家庭内での利用でも著作権法違反です。
落丁本、乱丁本は購入書店名を明記のうえ、講談社業務部宛にお送り下さい。送料は小社負担にてお取り替えいたします。なお、この本についてのお問い合わせは講談社ビーシーまでお願いいたします。定価はカバーに表示してあります。

ISBN978-4-06-514757-3
©講談社ビーシー／講談社2019
Printed in Japan